快学习教育 编著

Scratch 3.0
少儿编程与逻辑
思维训练

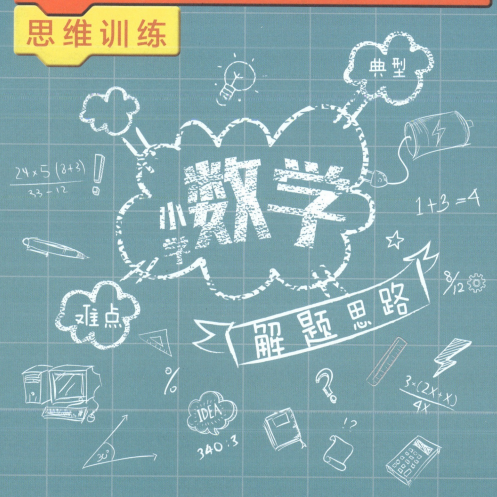

机械工业出版社
China Machine Press

图书在版编目（CIP）数据

Scratch 3.0 少儿编程与逻辑思维训练 / 快学习教育编著. —北京：机械工业出版社，2020.4

ISBN 978-7-111-64979-3

Ⅰ. ①S… Ⅱ. ①快… Ⅲ. ①程序设计 – 少儿读物 Ⅳ. ① TP311.1-49

中国版本图书馆 CIP 数据核字（2020）第 039628 号

本书以图形化编程工具 Scratch 作为学习环境，通过制作直观、生动、有趣的动画和游戏，帮助孩子训练逻辑思维，培养分析问题、解决问题的能力。

全书共 7 章。第 1 章主要讲解 Scratch 的工作界面和基本操作。第 2 ~ 7 章精选对训练逻辑思维十分有益的间隔问题、周期问题、鸡兔同笼问题、盈亏问题、和差倍问题、追及问题等数学题型，分别梳理和总结解题思路，并用 Scratch 进行编程解题，引导孩子真正理解和掌握解题方法。

本书适合想要学习 Scratch 编程或想要进行逻辑思维训练的小学生阅读，还可作为少儿编程培训机构的教学用书或课程设计的参考资料。

Scratch 3.0 少儿编程与逻辑思维训练

出版发行：	机械工业出版社（北京市西城区百万庄大街22号　邮政编码：100037）		
责任编辑：	李杰臣　李华君	责任校对：	庄　瑜
印　　刷：	北京天颖印刷有限公司	版　　次：	2020 年 4 月第 1 版第 1 次印刷
开　　本：	170mm×242mm　1/16	印　　张：	14
书　　号：	ISBN 978-7-111-64979-3	定　　价：	79.80 元

客服电话：（010）88361066　88379833　68326294　　　投稿热线：（010）88379604
华章网站：www.hzbook.com　　　　　　　　　　　　　　读者信箱：hzit@hzbook.com

版权所有 • 侵权必究
封底无防伪标均为盗版
本书法律顾问：北京大成律师事务所　韩光 / 邹晓东

PREFACE 前　言

本书以近年来风靡全球的图形化少儿编程工具 Scratch 作为学习环境，通过制作直观、生动、有趣的动画和游戏，帮助孩子训练逻辑思维，培养分析问题、解决问题的能力。

◎ 内容结构

全书共 7 章。第 1 章主要讲解 Scratch 的工作界面和基本操作。第 2 ～ 7 章精选对训练逻辑思维十分有益的间隔问题、周期问题、鸡兔同笼问题、盈亏问题、和差倍问题、追及问题等数学题型，分别梳理和总结解题思路，并用 Scratch 进行编程解题，引导孩子真正理解和掌握解题方法。

◎ 编写特色

★ **联合学习，一举两得**：本书以新颖的"学编程练思维"为主导思想，孩子既能掌握解题思路，又能学会通过编程解决实际问题，学习效果事半功倍。

★ **案例精美，步骤详尽**：书中的案例针对孩子的喜好和认知特点进行了精心设计，能够有效激发孩子的学习兴趣。案例的每个步骤都配有清晰直观的图文说明，简单易懂，一目了然，更适合孩子阅读和理解。

◎ 读者对象

本书适合想要学习 Scratch 编程或想要进行逻辑思维训练的小学生阅读，还可作为少儿编程培训机构的教学用书或参考资料。

由于编者水平有限，本书难免有不足之处，恳请广大读者批评指正。除了扫描二维码关注公众号获取资讯以外，也可加入 QQ 群 910607582 与我们交流。

编者

2020 年 2 月

如何获取学习资源

步骤1：扫描关注微信公众号

在手机微信的"发现"页面中点击"扫一扫"功能，如右一图所示，进入"二维码/条码"界面，将手机摄像头对准右二图中的二维码，扫描识别后进入"详细资料"页面，点击"关注公众号"按钮，关注我们的微信公众号。

步骤2：获取学习资源下载地址和提取密码

点击公众号主页面左下角的小键盘图标，进入输入状态，在输入框中输入关键词"逻辑与数学"，点击"发送"按钮，即可获取本书学习资源的下载地址和提取密码，如右图所示。

步骤3：打开学习资源下载页面

在计算机的网页浏览器地址栏中输入前面获取的下载地址（输入时注意区分大小写），如右图所示，按【Enter】键即可打开学习资源下载页面。

步骤4：输入密码并下载文件

在学习资源下载页面的"请输入提取密码"文本框中输入前面获取的提取密码（输入时注意区分大小写），再单击"提取文件"按钮。在新页面中单击打开资源文件夹，在要下载的文件名后单击"下载"按钮，即可将其下载到计算机中。如果页面中提示选择"高速下载"还是"普通下载"，请选择"普通下载"。下载的文件如果为压缩包，可使用7-Zip、WinRAR等软件解压。

> **小提示**
>
> 读者在下载和使用学习资源的过程中如果遇到自己解决不了的问题，请加入QQ群910607582，下载群文件中的详细说明，或者找群管理员提供帮助。

CONTENTS   目 录

前言
如何获取学习资源

第1章 Scratch 入门

Scratch 与逻辑思维 10
认识 Scratch 11
　• Scratch 在线版 11
　• Scratch 离线版 13
认识 Scratch 的工作界面 14
　• 菜单栏 15
　• 功能标签区 15
　• 指令区 18
　• 脚本区 19
　• 舞台区 20
　• 角色列表区 22
　• 舞台设置区 26
积木块的基本操作 27
　• 积木块的分类 27
　• 积木块的组合方式 28
　• 添加/删除积木块 30
　• 复制积木块 32

第2章 间隔问题

题目设定	34
思路解析	34
• 算出段数	34
• 判断是否为封闭线路	35
• 判断线路两端的植树情况	36
编程步骤详解	38

第3章 周期问题

题目设定	64
思路解析	64
• 找出规律计算周期数	64
• 存储循环出现的数字	65
• 计算余数	66
• 判断结果	66
编程步骤详解	67

第4章 鸡兔同笼问题

题目设定	88

思路解析	88
• 枚举法	88
• 抬脚法	91
编程步骤详解	92

第5章 盈亏问题

题目设定	125
• "一盈一亏"型	125
• "两盈"型	125
• "两亏"型	126
思路解析	126
• 算出总量的盈亏差	126
• 算出两次分配的数量差	127
• 算出分配的班数	127
• 选择其中一种分法算出足球数	128
编程步骤详解	129

第6章 和差倍问题

题目设定	162
• 和差问题	162
• 和倍问题	162

- 差倍问题 162

思路解析 163
- 判断题目类型 163
- 判断为和差问题，找出"和"与"差"的关系 165
- 判断为和倍问题，找出"和"与"倍数"的关系 166
- 判断为差倍问题，找出"差"与"倍数"的关系 166

编程步骤详解 167

第7章 追及问题

题目设定 197

思路解析 197
- 计算追及路程 198
- 计算速度差 199
- 计算追及时间 199

编程步骤详解 200

Scratch 3.0 少儿编程与逻辑思维训练

Scratch 是一款专为 7 ～ 12 岁的儿童设计的简易图形化编程工具，它将程序指令变为一个个"积木块"，使用者无须敲击代码或记忆程序指令，只需要拖动积木块使其连接在一起，就可以很方便地进行编程，快速制作出动画、游戏、互动故事书等。

Scratch 与逻辑思维

逻辑思维能帮助小朋友抓住问题的本质，找准努力的方向，避免做"无用功"，它的影响和作用无处不在。许多小朋友一提起数学或作文就头疼，其实都是因为逻辑思维能力的"地基"没打牢。例如，鸡兔同笼问题这一小学数学应用题的常见题型，让许多小朋友望而生畏，不管老师和家长如何讲解也无法明白解题思路。那么，我们是否可以尝试换一种方式去学习呢？

Scratch 虽然是专门为少儿设计的编程工具，但其功能还是非常强大的，不仅可以创建动画、游戏和互动故事书，还可以用来求解各类或简单或复杂的数学题。

利用 Scratch 编程，将鸡兔同笼问题以情景动画的方式呈现出来，不仅能将复杂的问题简单化，将抽象的问题具体化，激发小朋友强烈的好奇心和求知欲，而且能让小朋友在编程的过程中掌握解题思路，锻炼逻辑思维能力。

认识 Scratch

Scratch 最新的版本是 3.0，并且提供在线版和离线版两种版本，大家可以根据自己的情况选择合适的版本来使用。下面就来带领大家认识一下这两种版本的 Scratch。

Scratch 在线版

Scratch 在线版无须安装，可以直接用浏览器打开，网页加载完毕后就能使用所有功能，包括创建作品、在社区里分享作品等。打开浏览器后在地址栏中输入网址"https://scratch.mit.edu/"，然后按下【Enter】键，进入 Scratch 的官网主页，单击"Start Creating（开始创作）"按钮，即可进入 Scratch 在线版的界面。需要注意的是，打开 Scratch 3.0 在线版要使用支持 WebGL 的浏览器，推荐使用谷歌 Chrome 浏览器、360 安全浏览器和 QQ 浏览器。

进入 Scratch 在线版的界面后，可能会发现界面中所有的文字内容都是英文，这就容易给我们的使用造成一定的困难。此时可以单击屏幕左上方菜单栏中的 🌐 菜单，然后在展开的下拉列表中单击"简体中文"选项，即可将网页的显示语言更改为简体中文。

❶单击 🌐 菜单

❷单击"简体中文"选项

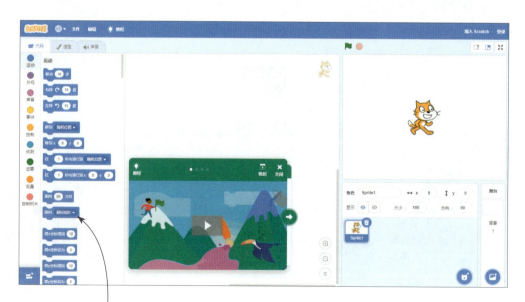

❸网页已切换至中文版

Scratch 离线版

Scratch 离线版需要安装，但在没有网络或网络较差的情况下仍然可以正常使用。下面以 Windows 系统为例介绍 Scratch 离线版的下载与安装。

在浏览器中打开 Scratch 官网主页，单击页面底部"支持"栏目中的"下载"链接，在打开的页面中单击"直接下载"链接，将 Scratch 离线版的安装文件下载到计算机中。

❶单击"下载"链接

❷单击"直接下载"链接

在计算机中找到并双击下载的安装文件，根据安装提示，将 Scratch 安装到计算机中。安装完成后，在操作系统的桌面上会出现 Scratch Desktop 启动图标，双击图标即可打开 Scratch 离线版。

❸双击安装文件

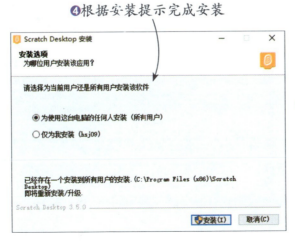

❹根据安装提示完成安装

❺双击启动图标

Scratch 3.0 少儿编程与逻辑思维训练

> **小提示**
>
> **在低版本操作系统中使用Scratch**
>
> Scratch 官方给出的操作系统版本最低要求是 Windows 10 或 macOS 10.13。如果计算机上安装的操作系统比较旧，如还是 Windows 7 或 Windows XP，可以先尝试安装离线版，若安装不成功，则只能使用在线版。

认识 Scratch 的工作界面

认识了 Scratch 的在线版和离线版后，接着来认识 Scratch 的工作界面。Scratch 的工作界面主要由菜单栏、功能标签区、指令区、脚本区、舞台区、角色列表区和舞台设置区几部分组成。

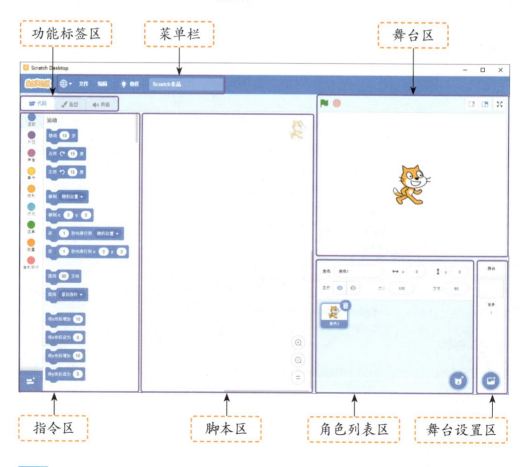

菜单栏

与大多数图形化应用程序一样，Scratch 也有一个菜单栏，位于窗口的顶部，包含"⊕（语言切换）""文件""编辑""教程"4 个菜单项。

"⊕" 菜单	用于切换界面的显示语言，单击右侧的下拉按钮，在展开的列表中即可选择需要的显示语言
"文件" 菜单	包含新建项目、打开项目、保存项目等功能
"编辑" 菜单	用于恢复误删的角色，以及开启/关闭加速模式。当需要进行大量运算时可以开启加速模式
"教程" 菜单	单击"教程"菜单，会弹出"选择一个教程"界面，此界面中有 20 多个教程，全面地介绍了 Scratch 的各种功能及应用方法

功能标签区

功能标签区位于菜单栏下方，默认显示"代码""造型""声音"3 个标签；当在舞台设置区选中舞台背景时，则会显示"代码""背景""声音"3 个标签。单击某个标签即可切换至相应的选项卡。"代码"选项卡涉及 Scratch 编程的一大核心——积木块的使用，它分为指令区和脚本区两大部分，会在后面讲解，这里先介绍其他几个选项卡。

"造型"选项卡

在角色列表中选中角色，单击"造型"标签，即可切换到"造型"选项卡，页面左侧为造型列表，右侧为造型编辑器。在造型列表中可以看到默认的"角色 1"角色有两个不同的造型，当前造型会用蓝色突出显示。在造型列表中选择不同的造型，舞台上和造型编辑器中角色的样子也会跟着变化。

Scratch 3.0 少儿编程与逻辑思维训练

我们可以给角色添加更多造型。单击左下角的"选择一个造型"按钮，弹出"选择一个造型"界面，单击需要添加的角色造型，随后在造型列表中就会增加一个对应的角色造型。在造型列表中选中一个角色造型后，可以在右边的造型编辑器中进行编辑。

❶单击角色造型

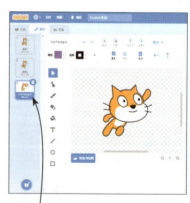

❷添加角色造型

▶ "背景"选项卡

在舞台设置区单击一个舞台背景，"造型"标签就会变成"背景"标签，单击即可切换到"背景"选项卡。"背景"选项卡和"造型"选项卡的界面元素是一样的，只是前者是针对舞台背景，后者是针对角色。

▶ "声音"选项卡

"声音"选项卡用于为角色或舞台背景添加音效。在角色列表区选中角色或在舞台设置区选中背景,再单击"声音"标签,即可切换到"声音"选项卡,页面左侧为声音列表,右侧为声音编辑器。声音列表中显示了已添加的所有音效。单击声音编辑器下面的播放按钮,可以播放声音列表中选中的音效。

声音列表中可能没有音效或只有一个音效，我们可以单击左下角的"选择一个声音"按钮，打开"选择一个声音"界面，其中包含了各种好玩的音效，用鼠标指针指向某个音效即可播放，单击即可添加该音效。

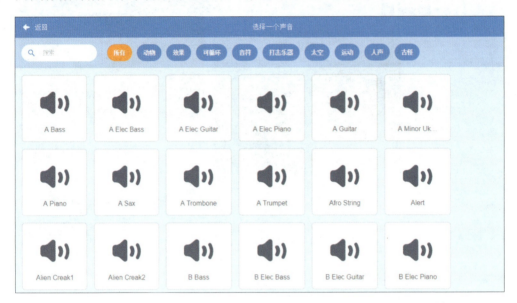

指令区

Scratch 的编程指令全部以积木块的形式放置在指令区中。为便于用户快速找到某个积木块，指令区将积木块按照功能分为不同的模块，并用不同的颜色进行标记。单击左侧某个模块名称，右侧就会跳转显示这个模块下的积木块。

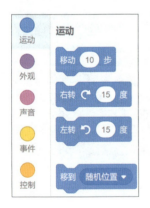  

指令区的积木块共分为 9 大模块，分别是"运动""外观""声音""事件""控制""侦测""运算""变量""自制积木"。

"运动"模块	控制角色的移动、旋转、位置、面朝方向等
"外观"模块	控制角色和舞台背景的显示效果
"声音"模块	控制角色的音效、音调及音量
"事件"模块	控制脚本的触发及进程，当指定的事件发生时，才执行相应的脚本
"控制"模块	控制脚本运行的走向，包括等待、循环、判断等
"侦测"模块	用于侦测键盘和鼠标的操作、麦克风的声音、系统时间等，以及没有放入"事件"模块中的其他事件
"运算"模块	完成数学运算、逻辑运算及字符串的处理等
"变量"模块	完成变量和列表的创建、赋值等操作
"自制积木"模块	按照自己需要的功能创建和定义积木块

脚本区

脚本区是我们编程的地方。在 Scratch 中，编程就是将指令区的积木块拖动到脚本区并组合起来，操控舞台背景和舞台中的角色实现想要的效果。编程是针对角色或舞台背景进行的，选中哪个角色或舞台背景就对哪个角色或舞台背景进行编程，脚本区的右上角会显示当前正在编程的角色或舞台背景。

脚本区右下方的"放大"按钮、"缩小"按钮和"还原"按钮用于修改脚本区积木块的显示大小。单击"放大"按钮，将放大显示积木块。

单击"缩小"按钮,将缩小显示积木块;单击"还原"按钮,可以将缩放后的积木块恢复为默认大小。

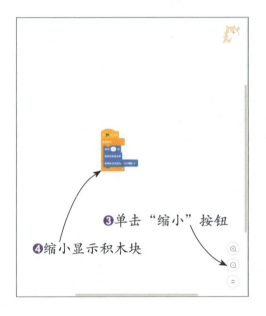

❸单击"缩小"按钮
❹缩小显示积木块

❺单击"还原"按钮
❻还原至默认大小

舞台区

舞台区是呈现脚本运行效果的地方,包含程序运行按钮、舞台界面设置按钮及舞台显示区。舞台显示区是一个高360、宽480的长方形。准确来讲,舞台显示区是一个坐标系,x轴的范围为 −240 ~ 240,y轴的范围为 −180 ~ 180,原点(0,0)为舞台中心,也是默认角色的初始位置。

舞台左上角为程序运行按钮,分别是"运行"按钮▶和"停止"按钮●。编写完脚本之后,单击"运行"按钮▶,就会执行以"当▶被点击"积木块开头的脚本;脚本正在运行时,单击"停止"按钮●,则会终止脚本的运行。

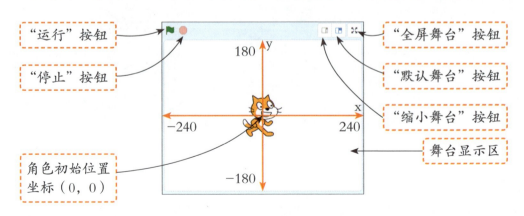

"运行"按钮
"停止"按钮
"全屏舞台"按钮
"默认舞台"按钮
"缩小舞台"按钮
舞台显示区
角色初始位置坐标(0,0)

舞台右上角为舞台界面设置按钮，最左边是"缩小舞台"按钮，中间是"默认舞台"按钮，最右边是"全屏舞台"按钮。启动 Scratch 时，会以默认尺寸显示舞台；单击"缩小舞台"按钮，右边整个区域都会缩小。

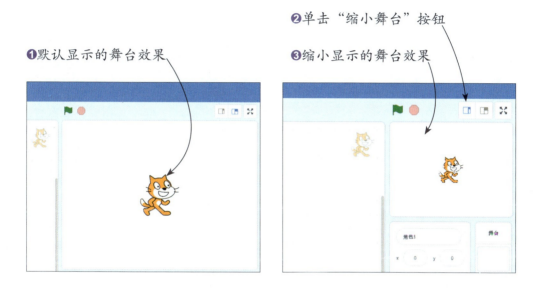

单击"全屏舞台"按钮，舞台最大化显示，其他部分则被隐藏。此时单击舞台右上角的"恢复默认尺寸"按钮，可以返回到默认尺寸效果。

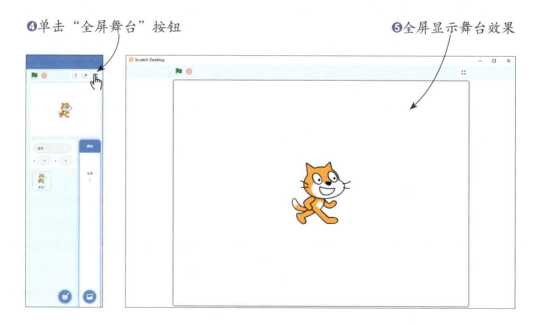

📢 角色列表区

角色列表区位于舞台区下方，在其中可建立多个角色并分别设置。选中的角色四周呈蓝色突出显示，同时在上方会显示选中角色的各项参数，包括角色名称、x 和 y 坐标、大小和面朝方向等，并可进行修改。

选中角色效果

▶ 添加角色库中的角色

创建新项目时，默认会添加一个小猫角色，但根据实际操作的需要，经常会为项目添加其他角色。

Scratch 的角色库提供了"人物""奇幻""舞台"等多种类型的角色，我们可以直接使用。

单击角色列表区的"选择一个角色"按钮或将鼠标指针放在"选择一个角色"按钮上，在展开的列表中单击"选择一个角色"按钮，弹出"选择一个角色"界面，在上方单击角色类型，然后在下方选择适合当前项目的角色，即可将其添加到角色列表区中。

❶单击"选择一个角色"按钮

❷选择要添加的角色　　　　❸在舞台上显示添加的角色

第 1 章 | Scratch 入门

小提示

删除角色

如果不小心添加了不想要的角色,我们可以将其删除。在角色列表区中选中要删除的角色,然后单击角色右上角的"删除"按钮 ,就可以删除选中的角色。此时在角色列表区和舞台中都不再显示该角色。

▶ 上传自定义角色

如果在角色库中没有找到满意的角色,还可以上传自定义角色,也就是将我们自己准备的素材图片(*.svg、*.png、*.jpg、*.gif)添加到角色列表区中作为角色来使用。

将鼠标指针放在"选择一个角色"按钮 上,在展开的列表中单击"上传角色"按钮 ,在弹出的"打开"对话框中单击要添加的角色素材,然后单击"打开"按钮,即可上传自定义角色。

❶单击"上传角色"按钮

❷单击要上传的角色素材

❹显示上传的角色

❸单击"打开"按钮

23

▶ 绘制角色

除了添加角色库中的角色和上传自定义的角色，我们还可以使用 Scratch 提供的绘制角色功能，在造型编辑器中运用"选择""变形""画笔""圆""矩形"等工具绘制自己需要的角色。

将鼠标指针放在角色列表区右下角的"选择一个角色"按钮上，在展开的列表中单击"绘制"按钮，随即展开"造型"选项卡，在造型编辑器的绘图工具栏中选择工具，然后在画布中绘制图形，角色列表区和舞台上就会显示新绘制的角色。

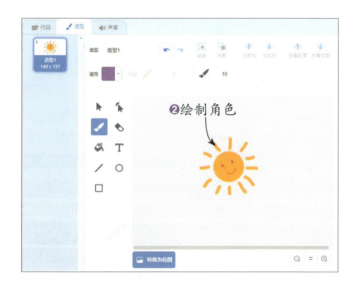

▶ 设置角色属性

对于添加到项目中的角色，还可以在角色列表区更改角色的属性，例如，修改角色名称、调整角色的坐标位置等。

先在角色列表区中选中要设置属性的角色，然后在其上方的"角色"框中输入角色的名称，在"x""y"框中输入角色的坐标位置，在"大小"框中输入角色的大小百分比，每次输入参数后都按下【Enter】键确认，就可以在舞台中看到设置后的角色效果。

❶选中角色

❷输入参数

▶ 显示或隐藏角色

默认情况下，添加到角色列表区中的角色均会显示在舞台上。在选中角色后，单击角色列表区中的"隐藏"按钮，即可将角色隐藏起来。单击"显示"按钮，则可让角色重新显示在舞台上。

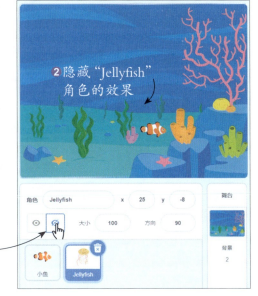

❷隐藏"Jellyfish"角色的效果

❶单击"隐藏"按钮

舞台设置区

舞台设置区位于角色列表区右侧，显示了当前舞台背景的缩略图和背景选择按钮。利用背景选择按钮可以添加背景库中的舞台背景，也可以上传计算机中的图片作为舞台背景。

▶ 添加背景库中的背景

在 Scratch 中编程时，经常会在各种不同的背景之间切换，以实现场景的变化。Scratch 的背景库提供了"奇幻""音乐""运动"等类型的背景，我们可以根据不同的编程需求，为舞台添加合适的背景。

单击舞台设置区的"选择一个背景"按钮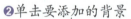或将鼠标指针放在"选择一个背景"按钮上，在展开的列表中单击"选择一个背景"按钮，弹出"选择一个背景"界面，在其中单击需要添加的背景即可。

❶单击"选择一个背景"按钮

❷单击要添加的背景

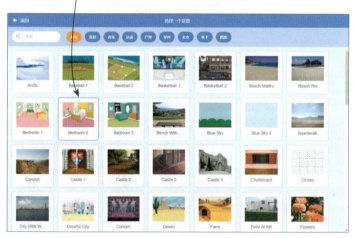

❸显示添加的背景

▶ 上传自定义背景

和上传自定义角色类似，我们也可以将自己准备的素材图片添加到项目中作为背景来使用。

第 1 章 | Scratch 入门

将鼠标指针放在"选择一个背景"按钮上，在展开的列表中单击"上传背景"按钮，在弹出的"打开"对话框中单击要添加的背景素材，然后单击"打开"按钮，即可为项目添加自定义背景。

积木块的基本操作

在 Scratch 中编程就是将各种不同的积木块组合在一起，形成完整的脚本。下面就来讲解组合积木块的基本操作。

积木块的分类

积木块除了按照功能分为 9 大模块，还可以按照形状分为命令积木块、功能积木块、触发积木块、控制积木块 4 种类型。

▶ 命令积木块

命令积木块主要用于执行某一特定命令。命令积木块的特点是上凹下凸，即顶部有一个凹口，底部有一个凸起，通过凹口和凸起可以将积木块咬合在一起，实现比较复杂的功能。此外，命令积木块大多可进行编辑和单击执行。

▶ 功能积木块

功能积木块用于得到一个值。例如，圆角矩形的功能积木块能得到数字或字符串，六边形的功能积木块能得到 true（真）或 false（假）的逻辑值。功能积木块没有凹口和凸起，因而无法单独使用，它们通常要镶嵌在其他积木块的框中才能发挥作用。

▶ 触发积木块

触发积木块的顶部是圆弧形的，没有凹口，底部则有凸起，因而它总是处于一段脚本的起始位置。触发积木块会等待某个事件的发生，一旦事件发生，就会立即执行其下方连接着的脚本。那么什么是事件呢？举例来说，当单击某个角色或按下某个指定按键，就会触发对应的事件。

▶ 控制积木块

控制积木块主要用于控制脚本的运行流程。控制积木块与命令积木块在外观上有一定相似之处，也有凹口和凸起，但控制积木块的内部还有一个开口，在开口中可以添加其他积木块。

🔊 积木块的组合方式

Scratch 之所以能够编写出很多有趣的动画和游戏，靠的就是积木块之间的各种组合。通过将多个积木块组合起来，让它们相互协作，实现对角色和舞台背景的操控。积木块的组合方式有层叠式、嵌套式和镶嵌式 3 种。

▶ 层叠式

层叠式组合就是将积木块一层层地叠放起来，通过积木块顶部的凹口和底部的凸起咬合在一起。

▶ 嵌套式

嵌套式组合分为单层嵌套和多层嵌套。单层嵌套时，嵌套的积木块只有一个；多层嵌套时，嵌套的积木块会有两个或两个以上。

▶ 镶嵌式

镶嵌式组合是指将一些积木块镶嵌在其他积木块的输入框或条件框中。

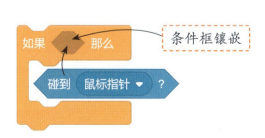

🔔 添加 / 删除积木块

在了解了积木块的组合方式后，接下来学习编写脚本最常用的操作——添加和删除积木块。

▶ 添加积木块

添加积木块就是将积木块从指令区拖动到脚本区。首先选中要编写脚本的角色或舞台背景，然后单击指令区中的某个模块，并在右侧单击并拖动一个积木块到脚本区，然后释放鼠标左键，即可完成积木块的添加。同一个积木块可以被多次放到脚本区。

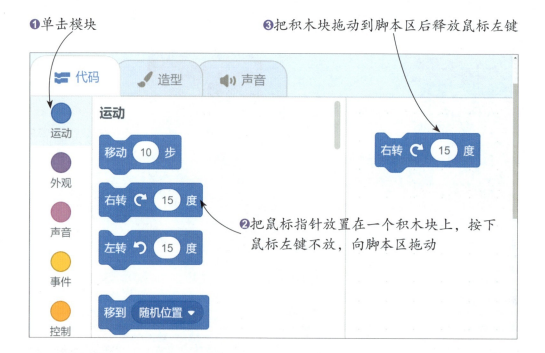

▶ 删除积木块

删除积木块常用的方法有两种：一种是执行"删除"命令删除积木块，另一种是直接将要删除的积木块从脚本区拖回指令区。

如果要删除的单个积木块是在连续积木块的中间，就需要执行"删除"命令将其删除。右击需要删除的积木块，在弹出的快捷菜单中单击"删除"命令，该积木块就从脚本区消失了。

第 1 章 | Scratch 入门

除了执行"删除"命令删除积木块，也可以直接将要删除的积木块从脚本区拖回到指令区任意位置，然后释放鼠标，即可删除积木块。该方法可以删除多个连续的积木块。

31

复制积木块

在 Scratch 中编程时，通常会用到较多的积木块。当需要添加多个同样的积木块时，如果一个一个地添加，会非常耗费时间，这时最简单、便捷的方式是直接复制积木块。

将鼠标指针置于需要复制的积木块上并右击，然后在弹出的快捷菜单中单击"复制"命令。

执行"复制"命令后，在鼠标指针旁边会显示待复制积木块的缩览图，此时在脚本区的空白处单击，就会在单击处复制出一个完全相同的积木块。

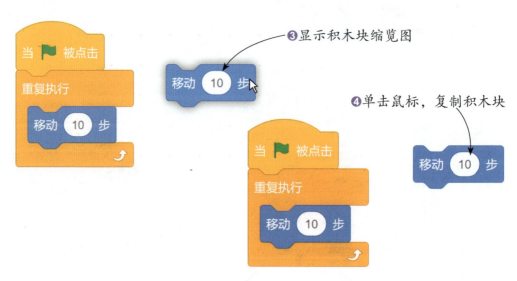

使用相同的方法还可以对积木组进行复制。不过需要注意的是，复制积木组时需要右击积木组的第一个积木块。

间隔,在生活中是比较常见的,相信大家肯定不陌生。在数学应用题里同样有很多关于间隔的问题,最常见的就是植树、锯木头、爬楼梯和时钟等间隔问题。

间隔问题的典型题目包含以下几种。

题目一:有一条2000米长的公路,在公路的一边每隔50米埋设一根路灯杆,从头到尾需要埋设多少根路灯杆?

题目二:把一根木头锯成4段,需要锯几次?如果每锯一次需要2分钟,一共需要几分钟?

题目三:小红家住3楼,她每上一层楼需要走16级台阶,小红从一楼到家需要走多少级台阶?

题目设定

园林工人要沿着一条长440米的公路的一边植树,每隔8米种一棵树,一共需要种多少棵树?

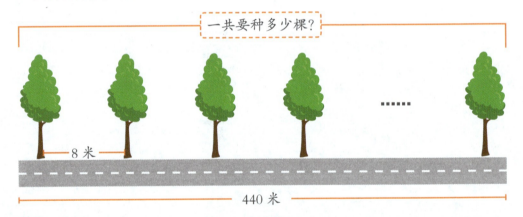

思路解析

植树问题是研究植树时路长、每段长、段数、棵数等数量关系的应用题。植树问题的解题过程有几个重要步骤:首先根据题目信息计算出段数;再判断植树线路是封闭的还是不封闭的;最后确定线路的两端是否需要植树。

📢 算出段数

从题目设定可知路长为440米,而每段长为8米。因此,我们先创建"路长""每段长""段数"3个变量,并根据已知条件给变量赋值。

第 2 章 间隔问题

将题目中已知的数字 440 和 8 分别赋值给"路长"和"每段长"两个变量

已知路长和每段长,就可以快速求出段数。段数的计算方法为路长除以每段长。在 Scratch 中,可以使用"运算"模块下的"( )/( )"积木块列出除法算式进行计算。

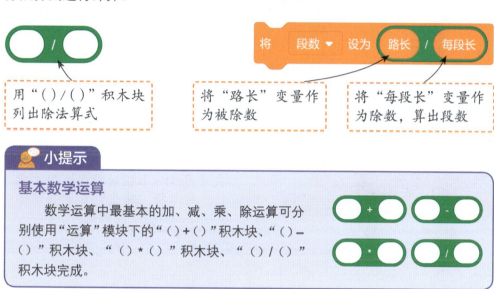

用"( )/( )"积木块列出除法算式

将"路长"变量作为被除数

将"每段长"变量作为除数,算出段数

小提示

基本数学运算

数学运算中最基本的加、减、乘、除运算可分别使用"运算"模块下的"( )+( )"积木块、"( )-( )"积木块、"( )*( )"积木块、"( )/( )"积木块完成。

📢 判断是否为封闭线路

计算出段数后,接下来要判断线路的状态,即是在封闭的线路还是在不封闭的线路上植树。创建"线路状态"变量存储线路的状态,然后通过询问的方式让小朋友输入数字 0 或 1,0 代表封闭的线路,1 代表不封闭的线路。

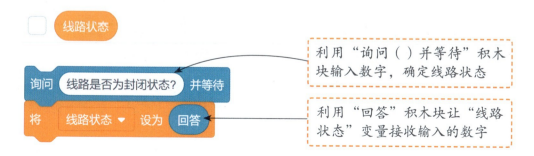

利用"询问( )并等待"积木块输入数字,确定线路状态

利用"回答"积木块让"线路状态"变量接收输入的数字

应用"如果……那么……"积木块判断"线路状态"变量的值是 0 还是 1。如果值是 0,则表示是在封闭的线路上植树,那么植树的棵数就与段数相等,即棵数 = 段数。

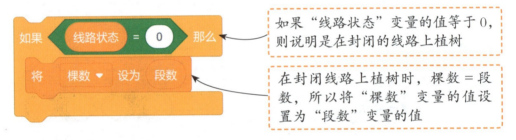

如果"线路状态"变量的值等于 0,则说明是在封闭的线路上植树

在封闭线路上植树时,棵数 = 段数,所以将"棵数"变量的值设置为"段数"变量的值

🔔 判断线路两端的植树情况

如果"线路状态"变量的值是 1,则表示在不封闭的线路上植树,此时还需要接着判断线路两端的植树情况,分为两端不植树、一端植树、两端植树 3 种。创建"线路两端"变量存储线路两端的植树情况,然后通过询问的方式让小朋友输入数字 0、1 或 2,0 代表两端不植树,1 代表一端植树,2 代表两端植树。

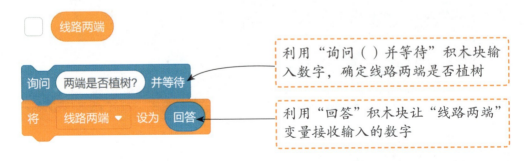

利用"询问( )并等待"积木块输入数字,确定线路两端是否植树

利用"回答"积木块让"线路两端"变量接收输入的数字

第 2 章 | 间隔问题

如果输入数字 0，则表示在线路两端都不植树，那么植树的棵数应比段数少 1，即棵数 = 段数 − 1。

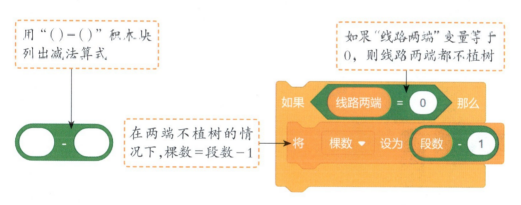

如果输入数字 1，则表示线路的一端植树，另一端不植树，那么植树的棵数应与段数相等，即棵数 = 段数。

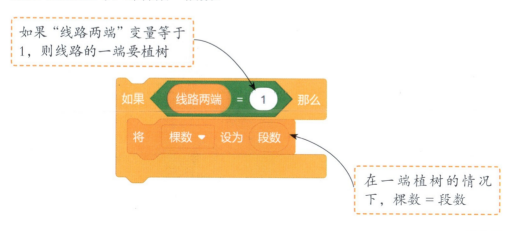

37

Scratch 3.0 少儿编程与逻辑思维训练

如果输入数字 2，则表示线路的两端都要植树，那么植树的棵数应比段数多 1，即棵数 = 段数 + 1。

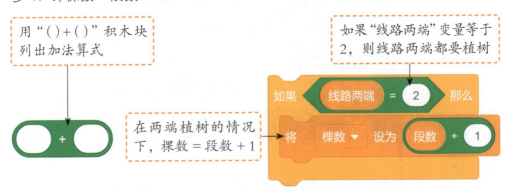

用"( ) + ( )"积木块列出加法算式

如果"线路两端"变量等于 2，则线路两端都要植树

在两端植树的情况下，棵数 = 段数 + 1

编程步骤详解

通过前面的分析，我们掌握了解题思路和主要使用的积木块，接下来详细讲解编程的过程。

1 创建新项目，在舞台设置区上传自定义的"问题"背景。

❶ 单击"上传背景"按钮

❷ 双击"问题"背景素材

❸ 在舞台中显示上传的背景

第 2 章 | 间隔问题

2 删除默认的"背景1"背景，然后添加背景库中的"Blue Sky"背景。

❶单击"删除"按钮

❷单击"选择一个背景"按钮

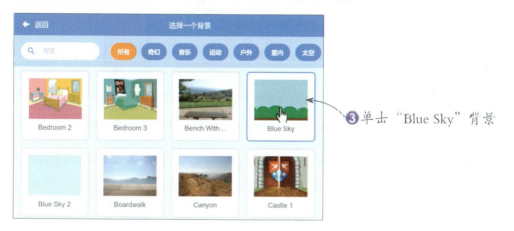

❸单击"Blue Sky"背景

3 更改背景的造型名称，并在背景图像中输入解题过程的说明文字。

❶更改造型名称为"答题"

❸设置填充颜色：6、饱和度：100、亮度：100

❷单击"文本"工具

❹设置字体为"中文"

❺在背景图像中输入文字"是否为封闭线路？"

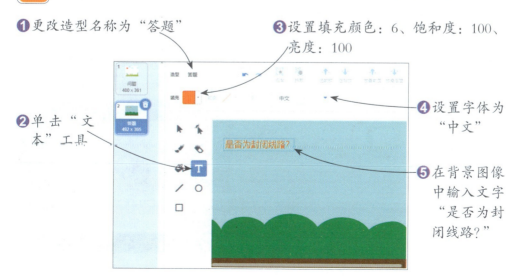

39

4 应用"文本"工具在背景图像中输入更多说明文字。

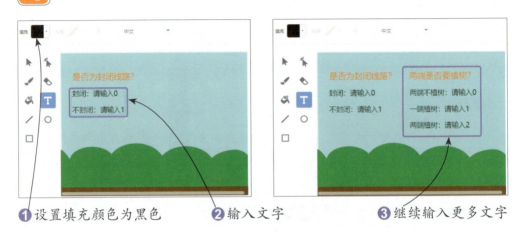

❶ 设置填充颜色为黑色　　❷ 输入文字　　❸ 继续输入更多文字

> **小提示**
>
> **调整文字的大小**
> 　　利用"文本"工具在画布中输入文字后,如果对文字的大小不满意,可以使用"选择"工具选中文字,当出现编辑框后,将鼠标指针移到编辑框的任意一个转角位置,此时鼠标指针将变为形,按住鼠标左键拖动即可缩放文字。

5 在"背景"选项卡下将鼠标指针指向"选择一个背景"按钮,在展开的列表中单击"上传背景"按钮,上传自定义的"解题"背景。

❶ 单击"上传背景"按钮

❷ 双击"解题"背景素材　　❸ 在舞台中显示上传的背景

第 2 章 | 间隔问题

6 将"解题"背景的造型名称更改为"封闭植树",并使用"文本"工具添加解题过程的说明文字。

❶更改造型名称为"封闭植树"　　❸单击"文本"工具

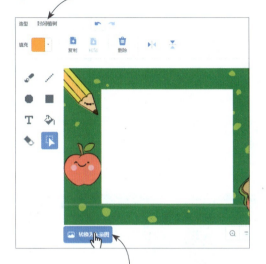

❷单击"转换为矢量图"按钮　　❹输入封闭线路植树的解题过程

> 💬 **小提示**
>
> **切换图像模式**
>
> 　　如果上传的自定义背景素材为 *.jpg、*.png 等格式的位图图像,使用"文本"工具在图像上输入文字时,确认输入后文字会与图像融合在一起,不能再更改文字。为了避免这种情况,可以单击画布下方的"转换为矢量图"按钮,将位图图像转换为矢量图像,再应用"文本"工具输入文字。这样就可以对文字进行重复编辑和修改。

7 将"封闭植树"背景造型复制 3 次,分别更改其名称为"两端不植树""一端植树""两端植树",然后更改相应的解题过程说明文字。

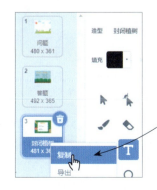

❶右击"封闭植树"背景造型,在弹出的快捷菜单中单击"复制"命令

41

❷ 生成"封闭植树2"背景造型

❸ 复制更多背景造型，并分别更改造型名称

❹ "两端不植树"解题过程

❺ "一端植树"解题过程

❻ "两端植树"解题过程

8 创建"问题"角色，用"文本"工具输入问题信息。

❶ 将鼠标指针指向"选择一个角色"按钮，在展开的列表中单击"绘制"按钮

❷ 单击"文本"工具

❸ 输入问题信息

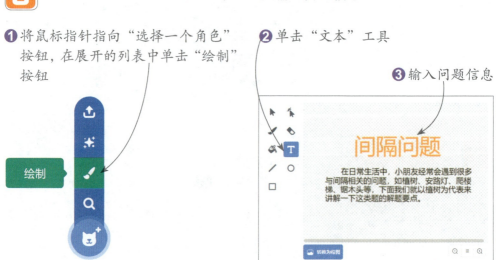

9 为"问题"角色编写脚本。当单击舞台上方的 ▶ 按钮时，切换为"问题"背景，并显示角色。

第 2 章 | 间隔问题

10 让"问题"角色在舞台上显示 10 秒,便于看清问题内容。

11 展示了问题内容后,广播"题目"消息,然后将"问题"角色隐藏起来。

Scratch 3.0 少儿编程与逻辑思维训练

❸ 输入新消息的名称为"题目"

❹ 单击"确定"按钮

❺ 添加"外观"模块下的"隐藏"积木块

💡 小提示

广播消息的积木块

　　Scratch 中广播消息的积木块有"广播（ ）"积木块和"广播（ ）并等待"积木块。"广播（ ）"积木块会向角色或背景发送一条消息。"广播（ ）并等待"积木块也会向角色或背景发送一条消息，但它会先等待由该消息触发的脚本执行完毕，再继续执行自己下方的脚本。

12 创建"题目"角色，用"文本"工具输入题目信息。

❶ 将鼠标指针指向"选择一个角色"按钮，在展开的列表中单击"绘制"按钮

❷ 单击"文本"工具

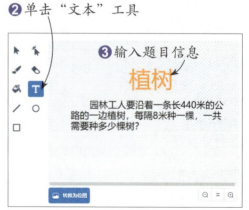

❸ 输入题目信息

13 为"题目"角色编写脚本。当单击 ▶ 按钮时,隐藏"题目"角色,当接收到名为"题目"的消息时,再将该角色显示出来。

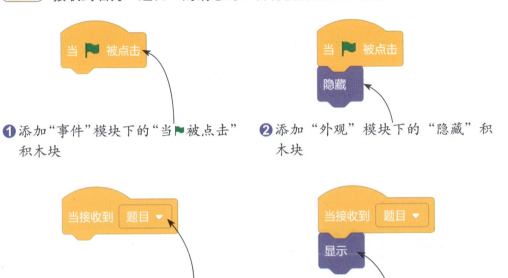

14 让"题目"角色在舞台上显示 10 秒,便于看清题目内容。

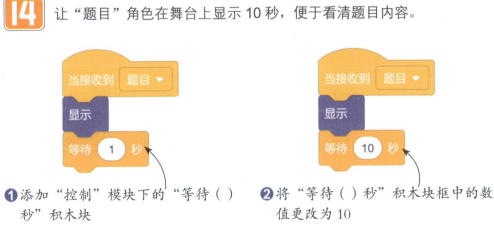

15 广播"答题"消息,然后将"题目"角色隐藏起来。

❶添加"事件"模块下的"广播(题目)"积木块

❷单击"题目"右侧的下拉按钮,在展开的列表中选择"新消息"选项

❸输入新消息的名称为"答题"

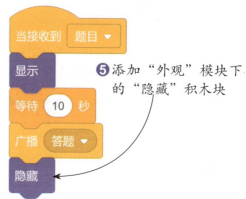

❹单击"确定"按钮

❺添加"外观"模块下的"隐藏"积木块

16 根据题目内容,创建"路长""每段长""段数""棵数""线路状态""线路两端"6个变量。

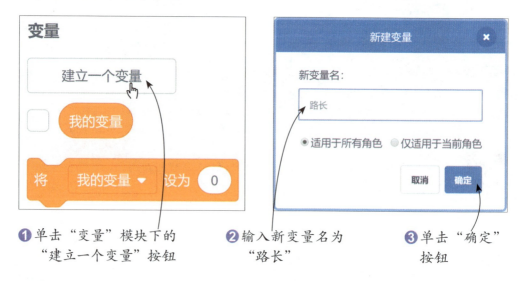

❶单击"变量"模块下的"建立一个变量"按钮

❷输入新变量名为"路长"

❸单击"确定"按钮

第 2 章 | 间隔问题

❹ 创建"路长"变量

❺ 使用相同的方法，创建更多变量

17 选中默认的"角色1"小猫，将小猫移动到舞台左下角，然后为角色编写脚本。当单击 ▶ 按钮时，先将小猫隐藏起来。

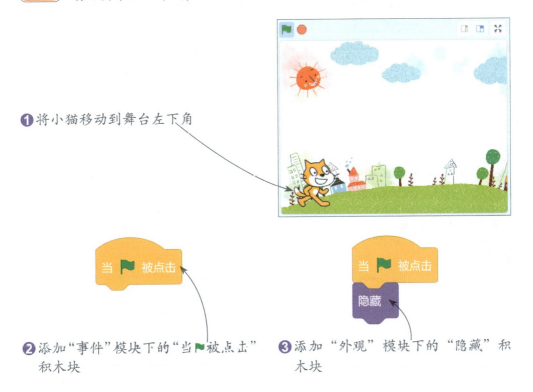

❶ 将小猫移动到舞台左下角

❷ 添加"事件"模块下的"当 ▶ 被点击"积木块

❸ 添加"外观"模块下的"隐藏"积木块

18 当接收到名为"答题"的消息时，显示小猫角色，并切换为"答题"背景。

47

Scratch 3.0 少儿编程与逻辑思维训练

❶ 添加"事件"模块下的"当接收到（答题）"积木块

❷ 添加"外观"模块下的"显示"积木块

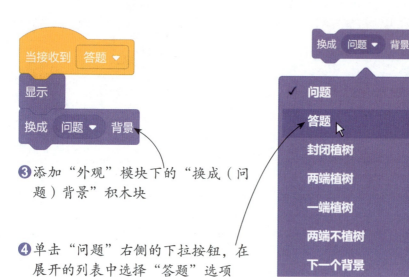

❸ 添加"外观"模块下的"换成（问题）背景"积木块

❹ 单击"问题"右侧的下拉按钮，在展开的列表中选择"答题"选项

19 根据题目，设置"路长"变量的值为440、"每段长"变量的值为8。

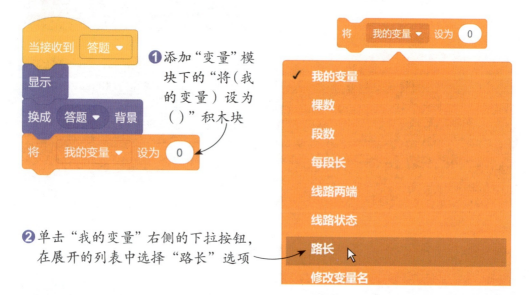

❶ 添加"变量"模块下的"将（我的变量）设为（ ）"积木块

❷ 单击"我的变量"右侧的下拉按钮，在展开的列表中选择"路长"选项

48

第 2 章 | 间隔问题

❸ 把"将(路长)设为( )"积木块框中的数值更改为 440

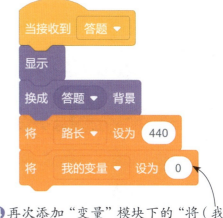

❹ 再次添加"变量"模块下的"将(我的变量)设为( )"积木块

❺ 单击"我的变量"右侧的下拉按钮，在展开的列表中选择"每段长"选项

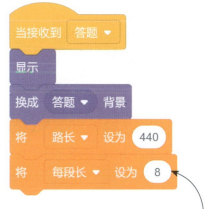

❻ 把"将(每段长)设为( )"积木块框中的数值更改为 8

20 根据前面介绍的计算方法，设置"段数"为"路长"除以"每段长"。

❶ 添加"变量"模块下的"将(我的变量)设为( )"积木块

49

❷ 单击"我的变量"右侧的下拉按钮，在展开的列表中选择"段数"选项

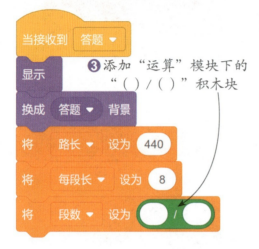

❸ 添加"运算"模块下的"（　）/（　）"积木块

❹ 将"变量"模块下的"路长"积木块拖动到"（　）/（　）"积木块的第1个框中

❺ 将"变量"模块下的"每段长"积木块拖动到"（　）/（　）"积木块的第2个框中

21 通过小猫询问的方式，让小朋友根据"答题"背景中出现的提示信息，输入数字。

❶ 添加"侦测"模块下的"询问（　）并等待"积木块

第 2 章 | 间隔问题

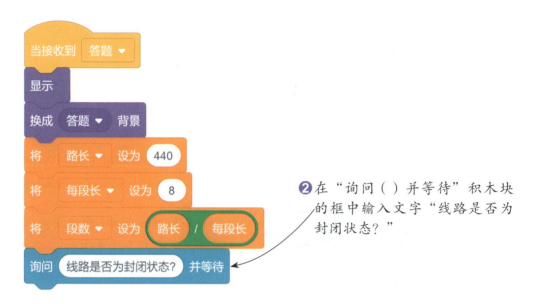

❷在"询问（）并等待"积木块的框中输入文字"线路是否为封闭状态？"

22 接收输入的数字，并存储在"线路状态"变量中。

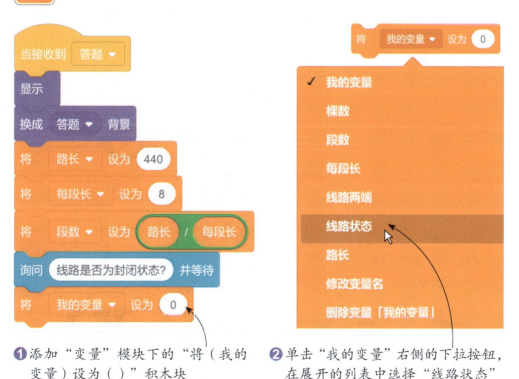

❶添加"变量"模块下的"将（我的变量）设为（）"积木块

❷单击"我的变量"右侧的下拉按钮，在展开的列表中选择"线路状态"选项

51

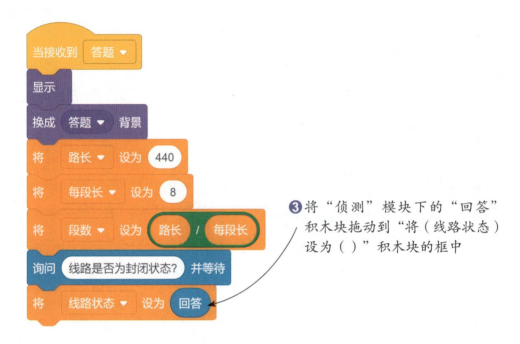

❸ 将"侦测"模块下的"回答"积木块拖动到"将（线路状态）设为（ ）"积木块的框中

23 判断"线路状态"变量的值，如果为 0，则代表在封闭线路上植树。

❶ 添加"控制"模块下的"如果……那么……"积木块

❷ 将"运算"模块下的"（ ）=（ ）"积木块拖动到"如果……那么……"积木块的条件框中

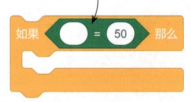

❸ 将"变量"模块下的"线路状态"积木块拖动到"（ ）=（ ）"积木块的第 1 个框中

❹ 将"（ ）=（ ）"积木块第 2 个框中的数值更改为 0

第 2 章 | 间隔问题

24 因为是在封闭线路上植树，所以棵数等于段数，即将"棵数"变量的值设为"段数"变量的值。

❶ 添加"变量"模块下的"将（我的变量）设为（）"积木块

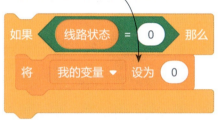

❷ 单击"我的变量"右侧的下拉按钮，在展开的列表中选择"棵数"选项

❸ 将"变量"模块下的"段数"积木块拖动到"将（棵数）设为（）"积木块的框中

25 让小猫说出在封闭线路上植树的棵数。

❶ 添加"外观"模块下的"说（）（）秒"积木块

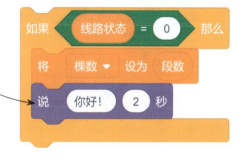

❷ 将"运算"模块下的"连接（）和（）"积木块拖动到"说（）（）秒"积木块的第 1 个框中

53

Scratch 3.0 少儿编程与逻辑思维训练

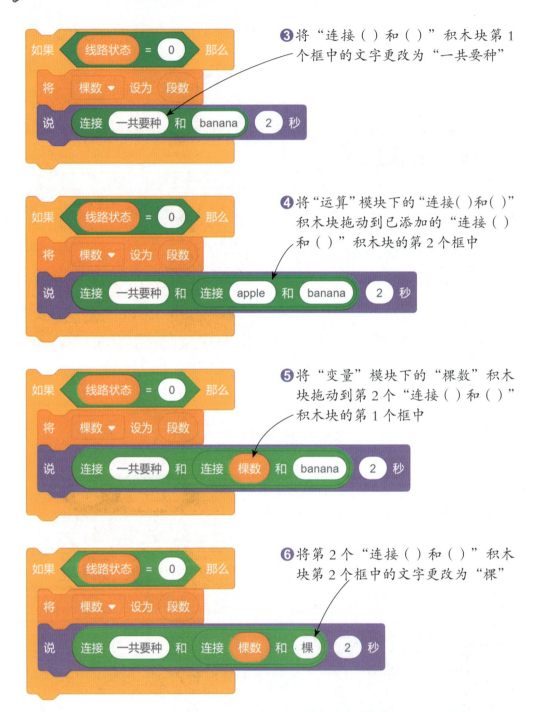

❸ 将"连接（ ）和（ ）"积木块第 1 个框中的文字更改为"一共要种"

❹ 将"运算"模块下的"连接（ ）和（ ）"积木块拖动到已添加的"连接（ ）和（ ）"积木块的第 2 个框中

❺ 将"变量"模块下的"棵数"积木块拖动到第 2 个"连接（ ）和（ ）"积木块的第 1 个框中

❻ 将第 2 个"连接（ ）和（ ）"积木块第 2 个框中的文字更改为"棵"

26 当小猫说出计算出的棵数后，切换到"封闭植树"背景，显示封闭线路植树的解题方法。

第 2 章 间隔问题

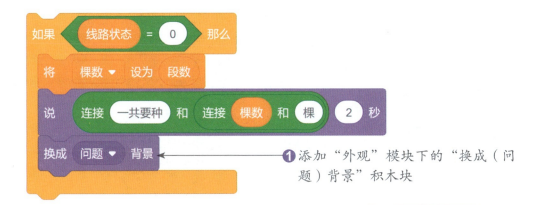

❶ 添加"外观"模块下的"换成（问题）背景"积木块

❷ 单击"问题"右侧的下拉按钮，在展开的列表中选择"封闭植树"选项

❸ 将"如果……那么……"积木组与步骤22中的积木组进行组合，在底部添加广播消息的积木块，并创建新消息"继续"

27 根据前面的思路解析，除了封闭线路，还有不封闭线路的情况。当"线路状态"变量的值为1时，代表在不封闭线路上植树。

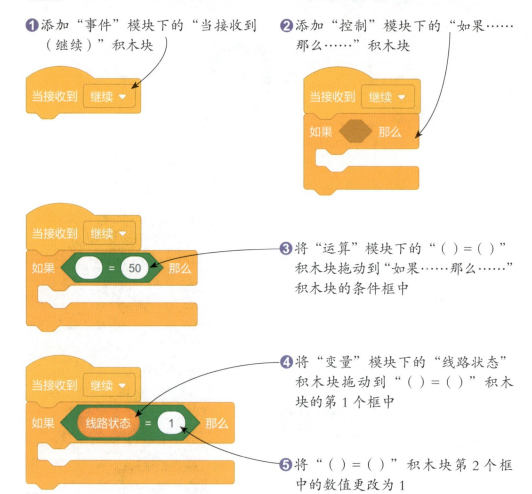

28 在不封闭线路上植树又分为两端不植树、一端植树、两端植树3种情况，通过小猫询问让小朋友选择其中一种情况。

❶ 添加"侦测"模块下的"询问（ ）并等待"积木块

第 2 章 间隔问题

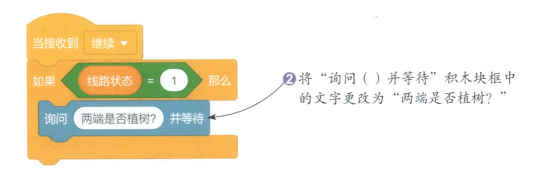

❷ 将"询问（ ）并等待"积木块框中的文字更改为"两端是否植树？"

29 接收输入的数字，并存储在"线路两端"变量中。

❶ 添加"变量"模块下的"将（我的变量）设为（ ）"积木块

❷ 单击"我的变量"右侧的下拉按钮，在展开的列表中选择"线路两端"选项

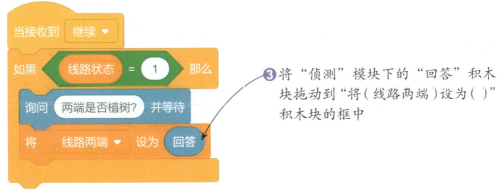

❸ 将"侦测"模块下的"回答"积木块拖动到"将（线路两端）设为（ ）"积木块的框中

57

小提示

询问侦测

在运行"询问（）并等待"积木块时，问题会以会话气泡的形式出现在屏幕上。在输入答案时，程序会一直等待，直到按下【Enter】键，随后 Scratch 会将输入的内容存储在"回答"积木块中。要注意的是，"回答"积木块只能存储最近一次由键盘输入的内容。

30 判断"线路两端"变量的值，如果为 0，则代表线路的两端都不植树。

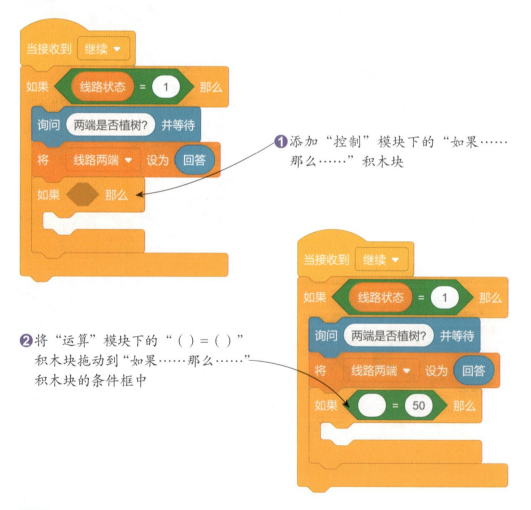

❶ 添加"控制"模块下的"如果……那么……"积木块

❷ 将"运算"模块下的"（）=（）"积木块拖动到"如果……那么……"积木块的条件框中

第 2 章 | 间隔问题

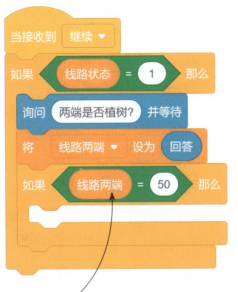

❸ 将"变量"模块下的"线路两端"积木块拖动到"( )=( )"积木块的第 1 个框中

❹ 将"( )=( )"积木块第 2 个框中的数值更改为 0

31 当线路的两端都不植树时,植树的棵数等于段数减 1。

❶ 添加"变量"模块下的"将(我的变量)设为( )"积木块

❷ 单击"我的变量"右侧的下拉按钮,在展开的列表中选择"棵数"选项

59

Scratch 3.0 少儿编程与逻辑思维训练

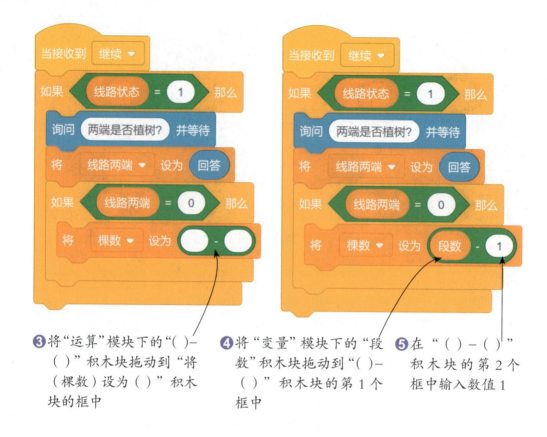

❸将"运算"模块下的"( )−( )"积木块拖动到"将(棵数)设为( )"积木块的框中

❹将"变量"模块下的"段数"积木块拖动到"( )−( )"积木块的第 1 个框中

❺在"( )−( )"积木块的第 2 个框中输入数值 1

32 让小猫说出计算出的棵数,然后切换为对应的"两端不植树"背景。

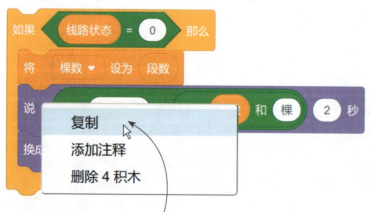

❶右击"说( )( )秒"积木组,在弹出的快捷菜单中执行"复制"命令,复制积木组

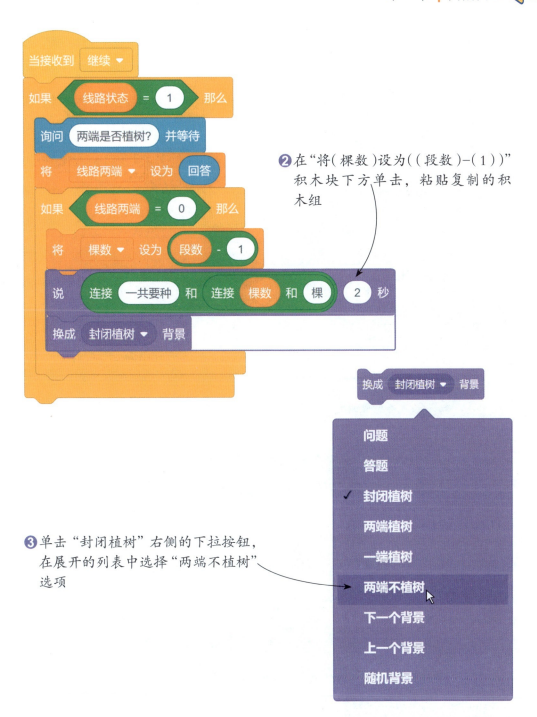

❷在"将(棵数)设为((段数)-(1))"积木块下方单击,粘贴复制的积木组

❸单击"封闭植树"右侧的下拉按钮,在展开的列表中选择"两端不植树"选项

33 继续复制两个"如果……那么……"积木组,并通过更改数字判断是一端植树还是两端植树,根据不同的判断结果进行计算,得到要种的棵数。

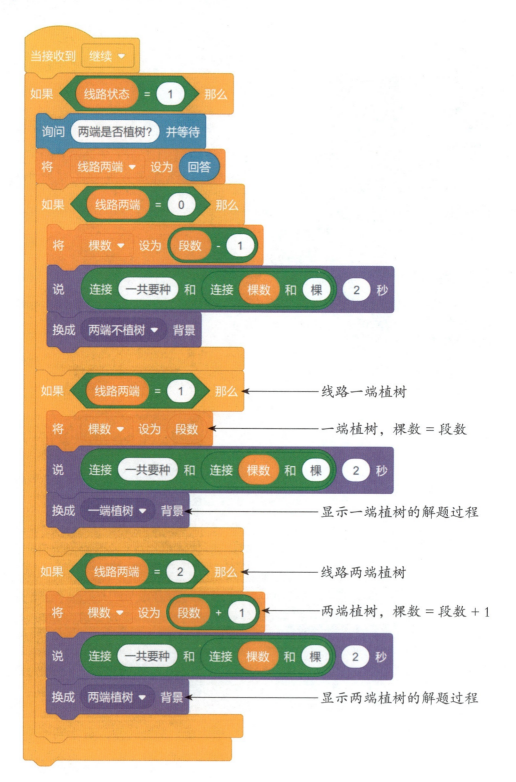

日常生活中，有一些按照一定规律不断循环重复的现象，如十二生肖、一年四季、一个星期七天等，这种现象称为周期现象，而研究周期现象的规律并进行应用的数学问题就称为周期问题。

周期问题的典型题目包含以下几种。

题目一：一串数字按照"294736294736294……"的规律排列，那么第120个数是多少？

题目二：2019年3月1日是星期五，那么9月1日是星期几？

题目三：学校门口摆了一排花，每2盆菊花之间摆3盆月季花，共摆了112盆花，如果第一盆花是菊花，那么共摆了多少盆月季花？

题目设定

假设有一串数字2589325893……，请问这串数字中的第190个数是多少？第288个数又是多少？

思路解析

周期问题的解题过程有几个重要步骤：首先仔细审题，找出周期现象的规律，从这些规律中找出周期数，每几个循环一次，那么周期数就为几；然后将题目中已知的总数除以找到的周期数，列出算式；最后根据计算结果进行判断，求出正确的结果。

📢 找出规律计算周期数

首先观察题目中数字的排列规律，不难看出，这串数字是以"25893"为一个循环重复排列的，由此可以得出周期数为5。

找出周期数后，在编程时，如何将这个周期数告诉 Scratch 呢？首先建立一个"周期数"变量，然后通过询问的方式，让小朋友根据提示输入找出的周期数，存储在"周期数"变量中。

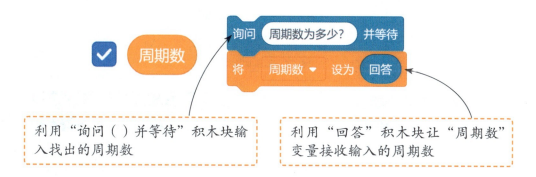

存储循环出现的数字

根据前面的分析，2、5、8、9、3 这 5 个数字是需要循环出现的。在编程时，我们需要把这组数字存储起来。在 Scratch 中，存储一组数据需要用到列表。首先创建一个列表，参考题目设定将列表命名为"周期列表"，再通过重复执行的方式，依次将这 5 个数字以询问的方式添加到列表中，当输入的数字数量与周期数相等时，停止向列表添加数字。

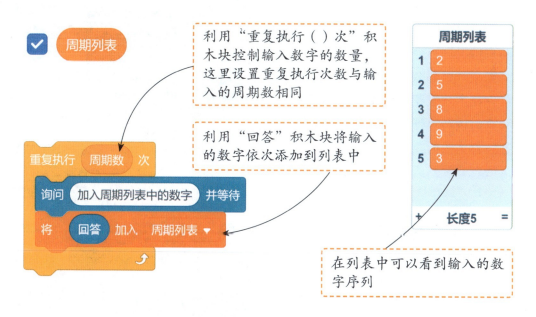

Scratch 3.0 少儿编程与逻辑思维训练

计算余数

找出题目中的周期数后,将要求的数字位置与周期数做整数的除法,通过判断余数的大小就能得出题目的答案。因此,首先要利用要求的数字位置与周期数列出算式,求出余数。在 Scratch 中,可以利用"( )除以( )的余数"积木块来求余数,把"第几个数"和"周期数"变量分别镶嵌在"( )除以( )的余数"积木块的两个框中,就能得到计算结果。

利用"( )除以( )的余数"积木块求余数

将题目中的"第几个数"作为算式中的被除数

将找到的"周期数"作为算式中的除数

判断结果

求出余数后,就可以根据余数来判断要求的位置上的数是几。如果计算结果是无余数(即余数是0),那么这个数就应该是"25893"这组数字的最后一个数,即3;如果计算结果是有余数,那么这个数就应该是"25893"这组数字的第"余数"个数。

这里需要分别对无余数和有余数两种情况进行判断和处理,可以利用"如果……那么……否则……"双向条件积木块来实现。该积木块在条件为真时执行"那么"包含的积木块,在条件为假时执行"否则"包含的积木块。

第 3 章 | 周期问题

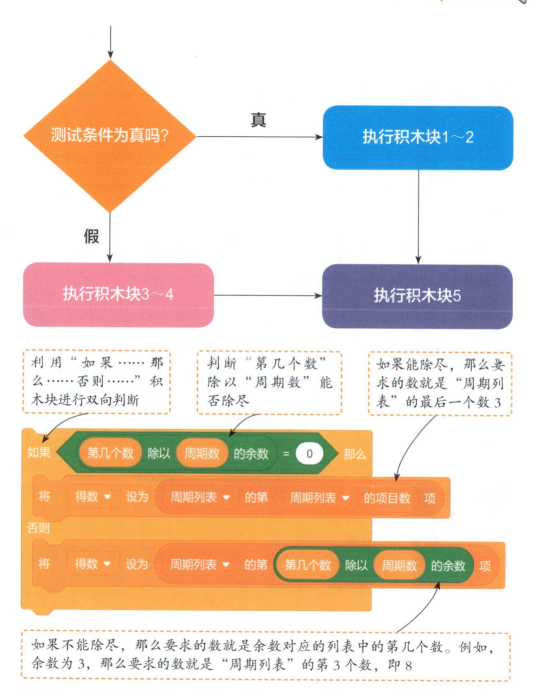

编程步骤详解

通过前面的分析,我们掌握了解题思路和主要使用的积木块,接下来详细讲解编程的过程。

1 创建新项目,在舞台设置区上传自定义的"背景"背景。

2 删除默认的小猫角色,上传自定义的"小朋友1"和"小朋友2"角色。

第 3 章 | 周期问题

3 分别选中"小朋友1"和"小朋友2"角色，调整角色的位置和大小。

❶ 设置"小朋友1"角色的位置和大小

❷ 设置"小朋友2"角色的位置和大小

4 选中"小朋友1"角色，为其编写脚本。单击 🚩 按钮后，让"小朋友1"角色说出题目内容。

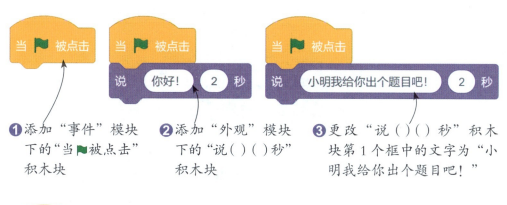

❶ 添加"事件"模块下的"当🚩被点击"积木块

❷ 添加"外观"模块下的"说( )( )秒"积木块

❸ 更改"说( )( )秒"积木块第1个框中的文字为"小明我给你出个题目吧！"

❹ 再添加两个"说( )( )秒"积木块，让"小朋友1"角色依次说出文字"有一列数，它们分别是2，5，8，9，3，2，5，8，9，3……""你能猜到这列数的第288个数是多少吗？"，然后设置等待时间为8秒

69

5 当"小朋友1"角色说完题目内容后,广播"问题"消息。

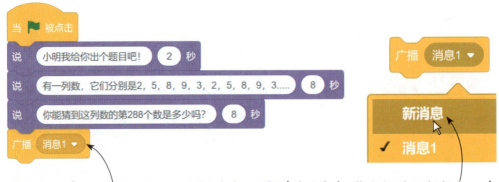

❶ 添加"事件"模块下的"广播(消息1)"积木块

❷ 单击"消息1"右侧的下拉按钮,在展开的列表中选择"新消息"选项

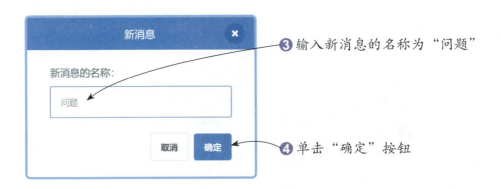

❸ 输入新消息的名称为"问题"

❹ 单击"确定"按钮

6 根据题目内容,创建"周期数""得数""第几个数"3个变量。

❶ 单击"变量"模块下的"建立一个变量"按钮　　❷ 输入新变量名为"周期数"

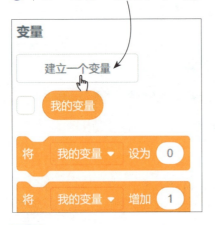
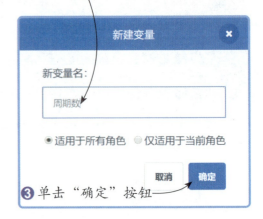

❸ 单击"确定"按钮

第 3 章 | 周期问题

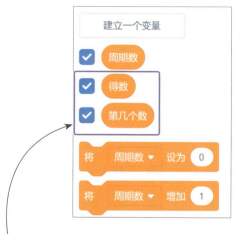

❹ 创建"周期数"变量

❺ 用相同的方法创建"得数"和"第几个数"变量,并删除"我的变量"变量

7 创建"周期列表"列表,用于存储需要重复出现的一组数字。

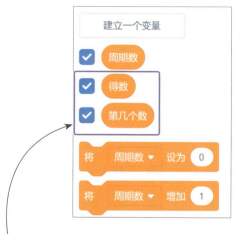

❶ 单击"变量"模块下的"建立一个列表"按钮

❷ 输入新的列表名为"周期列表"

❸ 单击"确定"按钮

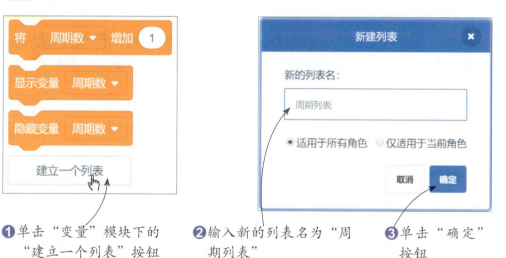

❹ 创建"周期列表"列表

❺ 在舞台上显示"周期列表"列表,内容为空

71

8️⃣ 选中"小朋友2"角色,为其编写脚本。当接收到"小朋友1"角色广播的"问题"消息时,清空"周期列表"列表的所有内容。

❶ 添加"事件"模块下的"当接收到(问题)"积木块

❷ 添加"变量"模块下的"删除(周期列表)的全部项目"积木块

9️⃣ 通过询问的方式输入找到的周期数,并将输入的数字存储到"周期数"变量中。

❶ 添加"侦测"模块下的"询问( )并等待"积木块

❷ 更改"询问( )并等待"积木块框中的文字为"周期数为多少?"

❸ 添加"变量"模块下的"将(周期数)设为( )"积木块

❹ 将"侦测"模块下的"回答"积木块拖动到"将(周期数)设为( )"积木块的框中

第 3 章 | 周期问题

10 添加"重复执行（）次"积木块，设置为与周期数相同的执行次数，然后通过询问的方式输入题目中重复出现的一组数字。

❶ 添加"控制"模块下的"重复执行（）次"积木块

❷ 将"变量"模块下的"周期数"积木块拖动到"重复执行（）次"积木块的框中

❸ 添加"侦测"模块下的"询问（）并等待"积木块

❹ 更改"询问（）并等待"积木块框中的文字为"加入周期列表中的数字"

11 将输入的需要重复出现的数字添加到"周期列表"列表中。

❶ 添加"变量"模块下的"将( )加入（周期列表）"积木块

❷ 将"侦测"模块下的"回答"积木块拖动到"将( )加入（周期列表）"积木块的框中

12 通过询问的方式输入要求的是第几个数。

❶ 添加"侦测"模块下的"询问( )并等待"积木块，并将积木块框中的文字更改为"要得出第几个数对应的数值"

第 3 章 | 周期问题

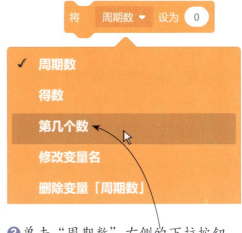

❸单击"周期数"右侧的下拉按钮，在展开的列表中选择"第几个数"选项

❷添加"变量"模块下的"将（周期数）设为（）"积木块

❹将"侦测"模块下的"回答"积木块拖动到"将（第几个数）设为（）"积木块的框中

13 接下来是整个程序的核心脚本，在知道周期数和要求的是第几个数后，列出算式计算余数。

❶ 添加"控制"模块下的"如果……那么……否则……"积木块

❷ 将"运算"模块下的"( ) = ( )"积木块拖动到"如果……那么……否则……"积木块的条件框中

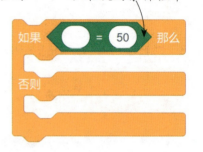

❸ 将"运算"模块下的"( ) 除以 ( ) 的余数"积木块拖动到"( ) = ( )"积木块的第 1 个框中

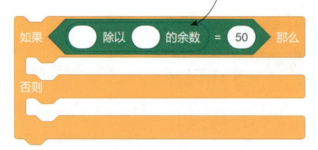

❹ 将"变量"模块下的"第几个数"积木块拖动到"( ) 除以 ( ) 的余数"积木块的第 1 个框中

❺ 将"变量"模块下的"周期数"积木块拖动到"( ) 除以 ( ) 的余数"积木块的第 2 个框中

❻ 将"( ) = ( )"积木块第 2 个框中的数值更改为 0

14 如果输入的"第几个数"除以"周期数"刚好除尽,那么要求的数就为重复出现的那组数字的最后一个数字。

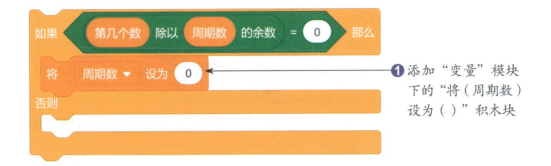

❶ 添加"变量"模块下的"将(周期数)设为()"积木块

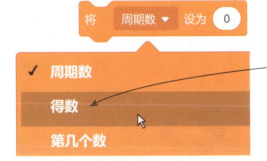

❷ 单击"周期数"右侧的下拉按钮,在展开的列表中选择"得数"选项

❸ 将"变量"模块下的"(周期列表)的第()项"积木块拖动到"将(得数)设为()"积木块的框中

❹ 将"变量"模块下的"(周期列表)的项目数"积木块拖动到"(周期列表)的第()项"积木块的框中

让"小朋友2"角色说出计算结果。

❶ 添加"外观"模块下的"说( )( )秒"积木块

❷ 将"运算"模块下的"连接( )和( )"积木块拖动到"说( )( )秒"积木块的第1个框中

❸ 将"连接( )和( )"积木块第1个框中的文字更改为"这个数是"

第 3 章 | 周期问题

❹将"变量"模块下的"得数"积木块拖动到"连接( )和( )"积木块的第 2 个框中

16 如果输入的"第几个数"除以"周期数"不能除尽,那么要求的数就为重复出现的那组数字的第"余数"个数字。

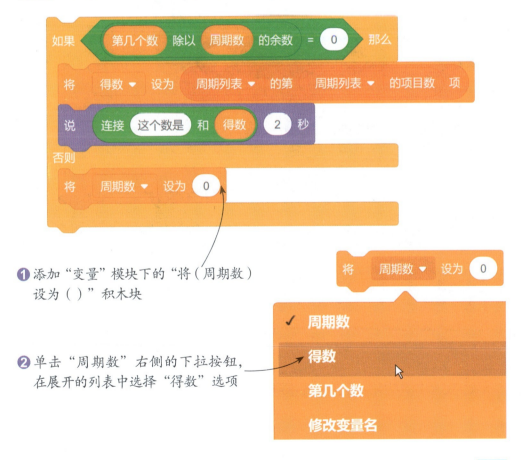

❶添加"变量"模块下的"将(周期数)设为( )"积木块

❷单击"周期数"右侧的下拉按钮,在展开的列表中选择"得数"选项

79

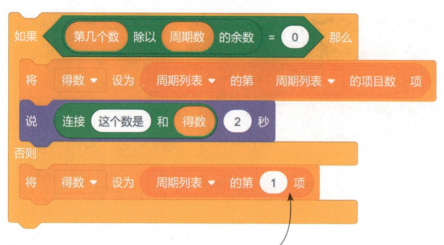

❸ 将"变量"模块下的"(周期列表)的第()项"积木块拖动到"将(得数)设为()"积木块的框中

❹ 将"运算"模块下的"()除以()的余数"积木块拖动到"(周期列表)的第()项"积木块的框中

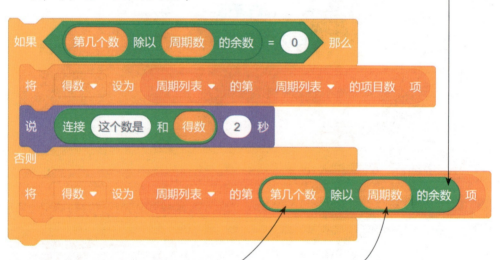

❺ 将"运算"模块下的"第几个数"积木块拖动到"()除以()的余数"积木块的第1个框中

❻ 将"运算"模块下的"周期数"积木块拖动到"()除以()的余数"积木块的第2个框中

17 让"小朋友2"角色说出计算结果。

第 3 章 | 周期问题

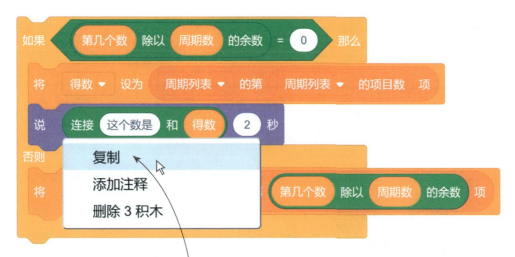

❶ 右击"说 ( ) ( ) 秒"积木块,在弹出的快捷菜单中执行"复制"命令,复制积木块

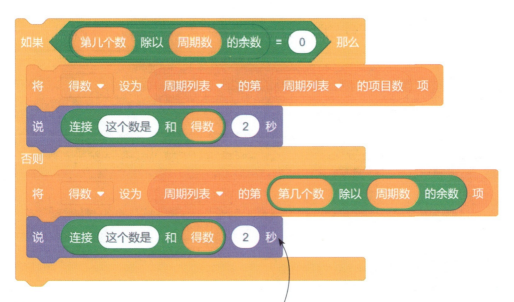

❷ 在"将(得数)设为( )"积木块下方单击,粘贴复制的积木块

18 当"小朋友2"角色说出计算结果后,广播"回答正确"消息。将编写完的积木组与步骤12中的积木组进行组合,得到完整的脚本。

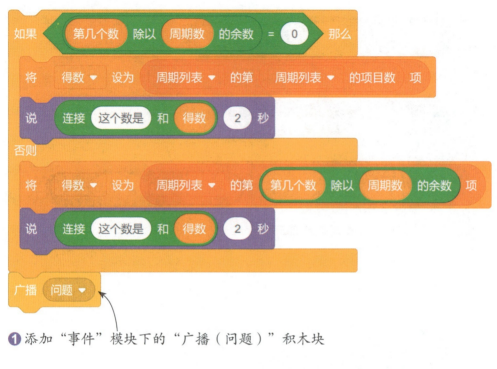

❶ 添加"事件"模块下的"广播（问题）"积木块

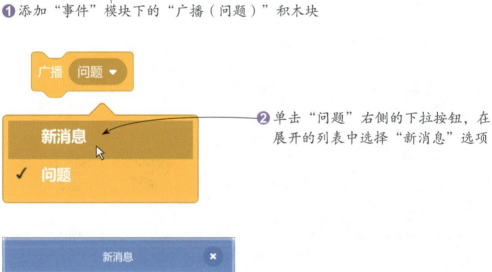

❷ 单击"问题"右侧的下拉按钮，在展开的列表中选择"新消息"选项

❸ 输入新消息的名称为"回答正确"

❹ 单击"确定"按钮

第 3 章 | 周期问题

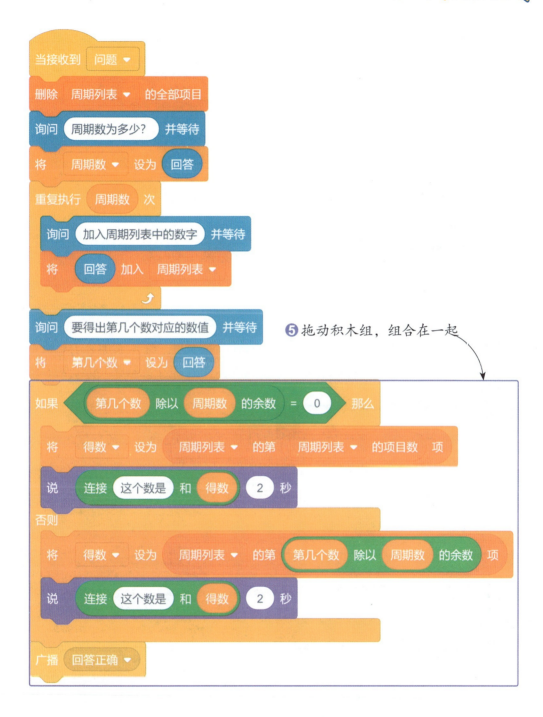

❺ 拖动积木组，组合在一起

19 回到"小朋友1"角色，继续编写脚本。当"小朋友1"角色接收到"回答正确"的消息时，说出"对了，真聪明！"，然后说出第2个问题。

❶ 添加"事件"模块下的"当接收到（回答正确）"积木块

❷ 添加"外观"模块下的"说（）（）秒"积木块

❸ 将"说（）（）秒"积木块第 1 个框中的文字更改为"对了，真聪明！"

❹ 添加"外观"模块下的"说（）（）秒"积木块，将积木块第 1 个框中的文字更改为"那第190个数又是多少呢？"

❺ 将积木块第 2 个框中的数值更改为 8

20 说出第 2 个问题后，广播"问题 2"消息。

❶ 添加"事件"模块下的"广播（回答正确）"积木块

❷ 单击"回答正确"右侧的下拉按钮，在展开的列表中选择"新消息"选项

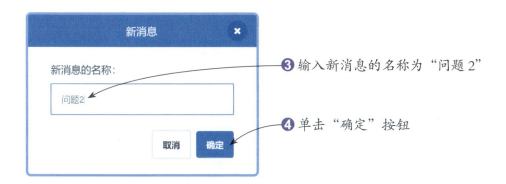

❸ 输入新消息的名称为"问题2"

❹ 单击"确定"按钮

21 选中"小朋友2"角色，继续编写脚本。当"小朋友2"角色接收到"问题2"的消息时，需要使用与"问题1"相同的方法进行解答，因此这里只需要将前面编写的脚本复制过来。至此，本案例的所有脚本就编写完成了。

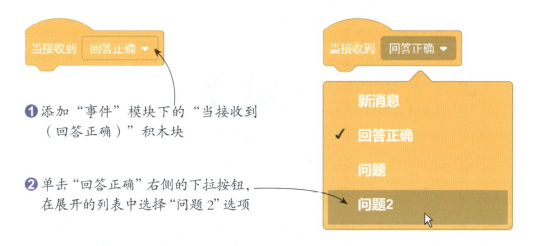

❶ 添加"事件"模块下的"当接收到（回答正确）"积木块

❷ 单击"回答正确"右侧的下拉按钮，在展开的列表中选择"问题2"选项

 小提示

单向条件语句和双向条件语句

条件语句用于根据指定的条件是否成立来执行不同的脚本。在Scratch中，条件语句分为单向条件语句和双向条件语句两种类型。单向条件语句只有当条件成立时才会运行空白处的脚本，双向条件语句则会根据条件是否成立来选择运行不同空白处的脚本。

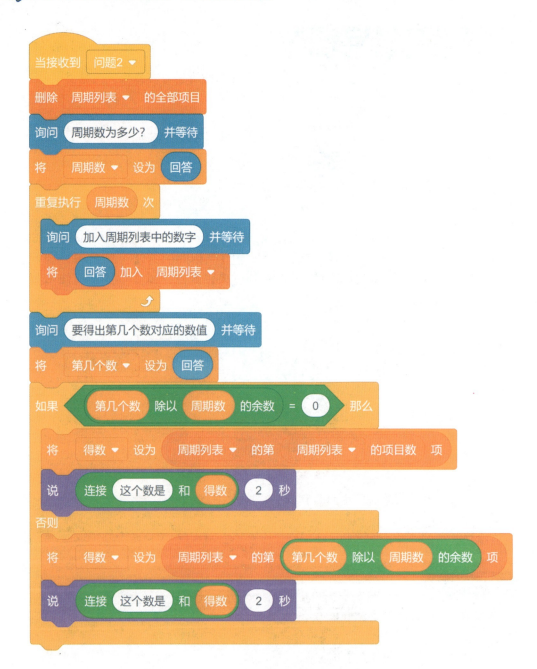

鸡兔同笼，是中国古代著名的数学趣题之一，最早可见于数学著作《孙子算经》，原题是这样的："今有雉兔同笼，上有三十五头，下有九十四足，问雉兔各几何？"

鸡兔同笼问题不单单是求鸡和兔子各有多少只的问题，它还可以转化成小学数学中的多种算术应用题。

题目一：小明参加一次数学竞赛，共有 10 道试题，每做对一题得 10 分，做错一题扣 5 分。小明共得了 70 分，那么他一共做对了几道题呢？

题目二：有面值 5 元和 10 元的钞票共 100 张，总面值为 800 元，那么 5 元和 10 元的钞票各有多少张呢？

题目设定

有若干只鸡和兔子同在一个笼子里，从上面数，共有 35 个头，从下面数，共有 94 只脚，那么笼子中鸡和兔子各有几只呢？

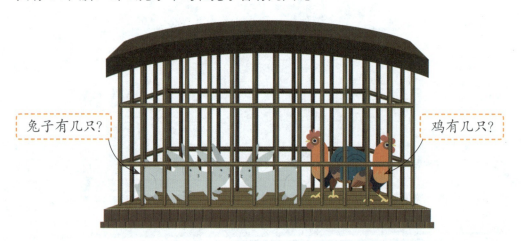

思路解析

鸡兔同笼问题的解答方法有多种，常用的有枚举法、抬脚法、假设法、方程法等。下面分别讲解枚举法和抬脚法的解题过程。

🔊 枚举法

枚举法就是列出表格，通过依次列举、逐步尝试来解决问题。在本题中，我们可以应用枚举法从 0 开始逐一增加兔子的数量，并根据兔子的数量算出鸡的数量，然后判断鸡和兔子的总脚数是否等于94，直到找到符合题目设定的答案为止。

兔子	0	1	2	3	4	……	12
鸡	35	34	33	32	31	……	23
总脚数	70	72	74	76	78	……	94

本题要求分别算出鸡和兔子的数量，所以需要创建"鸡"和"兔子"两个变量。另外，题目中还给出了总头数和总脚数，所以需要再创建"总头数"和"总脚数"两个变量。

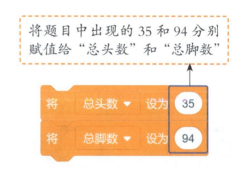

将题目中出现的35和94分别赋值给"总头数"和"总脚数"

我们在开始时将"兔子"变量的值设置为0，再通过循环结构使"兔子"变量的值每次增加1，实现兔子数量的列举。

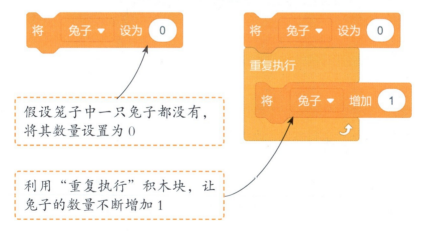

假设笼子中一只兔子都没有，将其数量设置为0

利用"重复执行"积木块，让兔子的数量不断增加1

因为鸡和兔子的总头数是固定的，所以在列举出兔子数量的同时，也就可以算出鸡的数量。利用"（）-（）"积木块建立算式，用总头数减去兔子的数量，得到的就是鸡的数量。

Scratch 3.0 少儿编程与逻辑思维训练

接下来需要判断列举出来的兔子和鸡的数量是否满足题目设定。根据题意，笼中的鸡和兔子共有 94 只脚，而我们知道每只兔子有 4 只脚，每只鸡有 2 只脚，因此可以建立等式：兔子的数量 × 4 + 鸡的数量 × 2 = 94。在编程时，需要嵌套使用 "（）*（）" 和 "（）+（）" 两个基本运算积木块和 "（）=（）" 逻辑运算积木块。

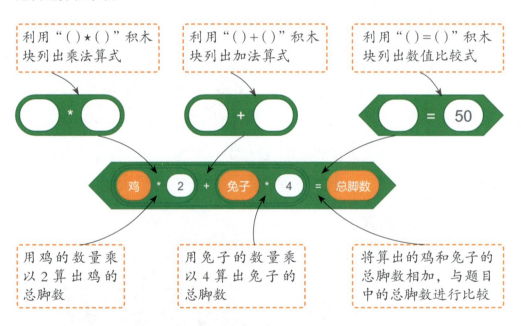

最后根据比较结果进行判断。如果比较的结果是等式成立，即列举出的兔子和鸡的数量满足总脚数为 94 的条件，则输出正确答案，并停止循环；如果比较的结果是等式不成立，则要重新执行循环，直到等式成立为止。

在 Scratch 中，要实现当指定条件为真时才执行某个操作，可以使用 "如果……那么……" 积木块，只有当条件为真时，才执行 "那么" 包含的积木块，否则直接跳过 "那么" 包含的积木块。

第4章 鸡兔同笼问题

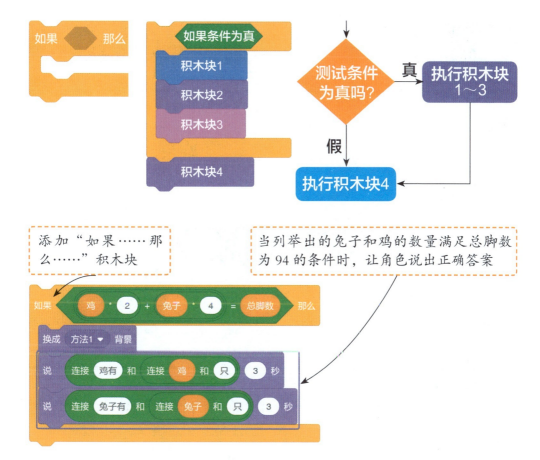

📢 抬脚法

抬脚法是古人常用的解题方法，意思就是让笼子中的鸡都抬起一只脚，兔子都抬起两只脚，抬脚后的总脚数就为抬脚前的总脚数的一半。可以利用"运算"模块下的"（）/（）"积木块算出抬脚后的总脚数。

当鸡和兔子都抬起脚后，鸡只有一只脚着地，鸡的总脚数等于鸡的总头数；兔子有两只脚着地，兔子的总脚数比兔子的总头数多一倍。那么，用抬脚后的总脚数减去总头数，所得的差值就是兔子的数量。

Scratch 3.0 少儿编程与逻辑思维训练

利用"()-()"积木块列出减法算式

用抬脚后的总脚数作为被减数

用题目中已知的总头数作为减数，算出兔子的数量

算出兔子的数量后，鸡的数量就好算了，直接用总头数减去兔子的数量，就能得到鸡的数量。

用题目中已知的总头数作为被减数

用算出的兔子数量作为减数，算出鸡的数量

编程步骤详解

通过前面的分析，我们掌握了解题思路和主要使用的积木块，接下来详细讲解编程的过程。

1 创建新项目，在舞台设置区单击背景，再切换到"背景"选项卡，上传自定义的"题目""方法1""方法2"背景，删除默认的"背景1"。

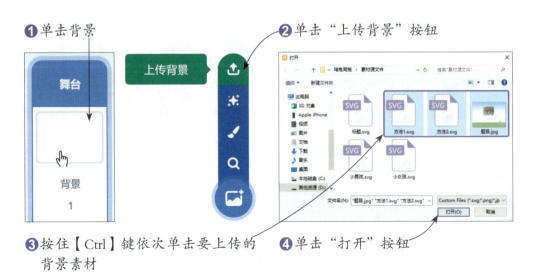

❶ 单击背景

❷ 单击"上传背景"按钮

❸ 按住【Ctrl】键依次单击要上传的背景素材

❹ 单击"打开"按钮

第 4 章 | 鸡兔同笼问题

❺ 上传选中的 3 个背景　　❻ 把"题目"背景移到"方法 1"背景上方　　❼ 删除"背景 1"背景

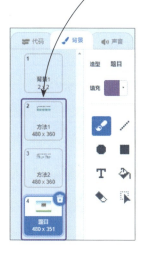  

2 删除小猫角色,上传自定义的"标题"角色。

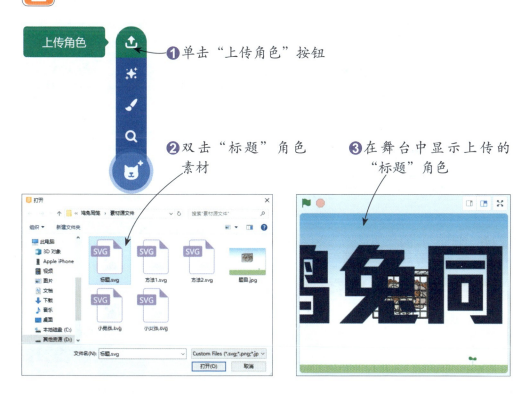

❶ 单击"上传角色"按钮

❷ 双击"标题"角色素材

❸ 在舞台中显示上传的"标题"角色

3 添加角色库中的"Rooster"和"Hare"角色,并分别调整 3 个角色的位置和大小。在"造型"选项卡下利用"水平翻转"按钮翻转"Hare"角色。

93

 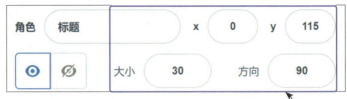

❶ 设置"标题"角色的位置和大小

❷ 设置"Rooster"角色的位置和大小

❸ 设置"Hare"角色的位置和大小

❹ 单击"水平翻转"按钮

4 选中"标题"角色,为其编写脚本。当单击▶按钮时,切换为"题目"背景,并显示"标题"角色。

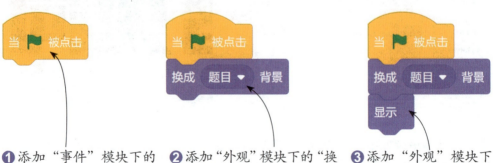

❶ 添加"事件"模块下的"当▶被点击"积木块 　❷ 添加"外观"模块下的"换成(题目)背景"积木块 　❸ 添加"外观"模块下的"显示"积木块

5 当接收到"女生答题"的消息时,隐藏"标题"角色。

❶ 添加"事件"模块下的"当接收到(消息1)"积木块

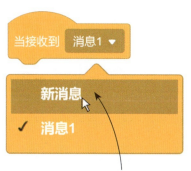

❷ 单击"消息1"右侧的下拉按钮,在展开的列表中选择"新消息"选项

❸ 输入新消息的名称为"女生答题"

❹ 单击"确定"按钮

❺ 添加"外观"模块下的"隐藏"积木块

6 当接收到"男生答题"的消息时,同样隐藏"标题"角色。

❶ 添加"事件"模块下的"当接收到(消息1)"积木块

❷ 单击"消息1"右侧的下拉按钮,在展开的列表中选择"新消息"选项

Scratch 3.0 少儿编程与逻辑思维训练

❸ 输入新消息的名称为"男生答题"

❹ 单击"确定"按钮

❺ 添加"外观"模块下的"隐藏"积木块

7 选中"Rooster"角色,为其编写脚本。当单击 ▶ 按钮时,让角色说出题目内容的第一部分"我们共有35个头,94只脚。"。

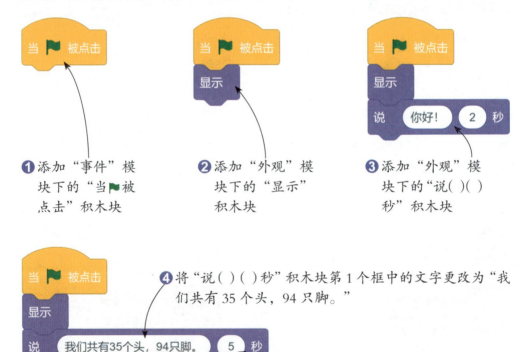

❶ 添加"事件"模块下的"当▶被点击"积木块

❷ 添加"外观"模块下的"显示"积木块

❸ 添加"外观"模块下的"说( )( )秒"积木块

❹ 将"说( )( )秒"积木块第1个框中的文字更改为"我们共有35个头,94只脚。"

❺ 将"说( )( )秒"积木块第2个框中的数值更改为5,延长题目内容的显示时间

第 4 章 鸡兔同笼问题

8 当接收到"女生答题"和"男生答题"的消息时,隐藏"Rooster"角色。

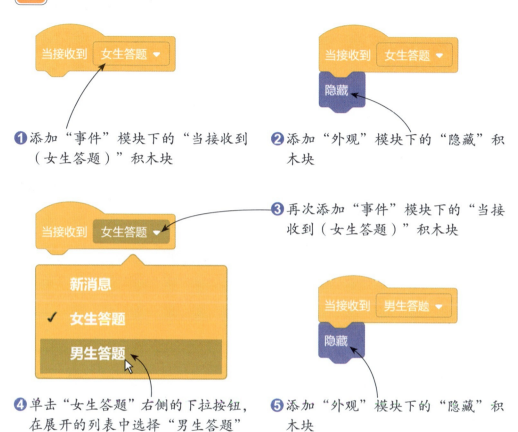

❶ 添加"事件"模块下的"当接收到(女生答题)"积木块

❷ 添加"外观"模块下的"隐藏"积木块

❸ 再次添加"事件"模块下的"当接收到(女生答题)"积木块

❹ 单击"女生答题"右侧的下拉按钮,在展开的列表中选择"男生答题"选项

❺ 添加"外观"模块下的"隐藏"积木块

9 选中"Hare"角色,为其编写脚本。当单击 ▶ 按钮时,显示该角色,并等待一定的时间,让"Rooster"角色说完题目内容的第一部分。

❶ 添加"事件"模块下的"当 ▶ 被点击"积木块

❷ 添加"外观"模块下的"显示"积木块

Scratch 3.0 少儿编程与逻辑思维训练

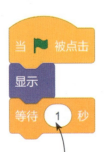

❸ 添加"控制"模块下的"等待（）秒"积木块

❹ 将"等待（）秒"积木块框中的数值更改为5

10 当"Rooster"角色说完后，让"Hare"角色继续说出题目内容的第二部分"算算我们各有多少只？"，然后广播"女生答题"消息。

❶ 添加"外观"模块下的"说（）（）秒"积木块

❷ 将"说（）（）秒"积木块第1个框中的文字更改为"算算我们各有多少只？"

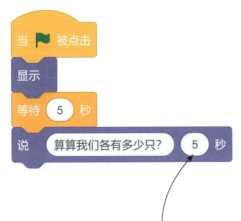

❸ 将"说（）（）秒"积木块第2个框中的数值更改为5

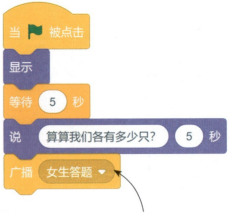

❹ 添加"事件"模块下的"广播（女生答题）"积木块

第4章 鸡兔同笼问题

11 当接收到"女生答题"和"男生答题"的消息时,隐藏"Hare"角色。

❶ 添加"事件"模块下的"当接收到（女生答题）"积木块

❸ 添加"事件"模块下的"当接收到（女生答题）"积木块,并将消息更改为"男生答题"

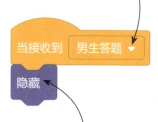

❷ 添加"外观"模块下的"隐藏"积木块

❹ 添加"外观"模块下的"隐藏"积木块

12 上传自定义的"小男孩"和"小女孩"两个角色。

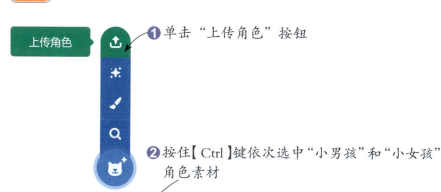

❶ 单击"上传角色"按钮

❷ 按住【Ctrl】键依次选中"小男孩"和"小女孩"角色素材

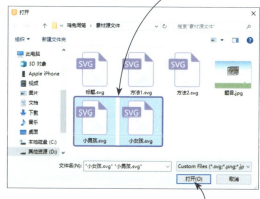

❸ 单击"打开"按钮

❹ 在舞台中显示上传的两个角色

99

13 在角色列表区分别调整两个角色的大小和位置。

❶ 设置"小女孩"角色的位置和大小

❷ 设置"小男孩"角色的位置和大小

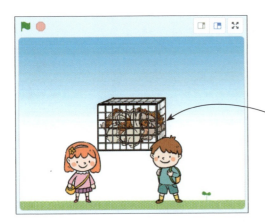

❸ 在舞台上显示设置后的效果

14 选中"小女孩"角色,为其编写脚本。当单击▶按钮时,隐藏该角色。

❶ 添加"事件"模块下的"当▶被点击"积木块

❷ 添加"外观"模块下的"隐藏"积木块

15 当接收到"女生答题"的消息时,显示"小女孩"角色,并让角色说出"这个题目好简单!用枚举法就能快速算出来。"。

第4章 鸡兔同笼问题

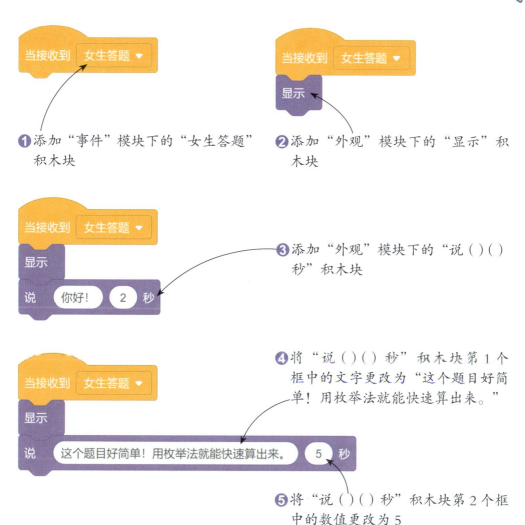

❶ 添加"事件"模块下的"女生答题"积木块

❷ 添加"外观"模块下的"显示"积木块

❸ 添加"外观"模块下的"说()()秒"积木块

❹ 将"说()()秒"积木块第1个框中的文字更改为"这个题目好简单！用枚举法就能快速算出来。"

❺ 将"说()()秒"积木块第2个框中的数值更改为5

16 接下来就要进行计算。先根据题目设定创建"鸡""兔子""总头数""总脚数"几个变量。

❶ 单击"变量"模块下的"建立一个变量"按钮

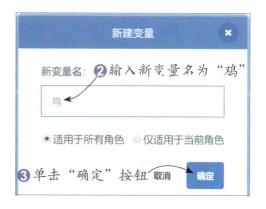

❷ 输入新变量名为"鸡"

❸ 单击"确定"按钮

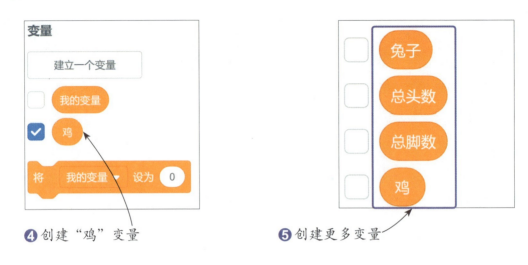

❹创建"鸡"变量　　　　　　❺创建更多变量

17 根据题目设定,设置"总头数"变量的值为35。

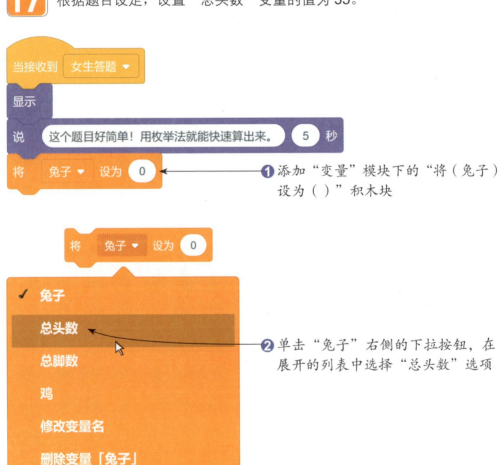

❶添加"变量"模块下的"将(兔子)设为( )"积木块

❷单击"兔子"右侧的下拉按钮,在展开的列表中选择"总头数"选项

第 4 章 鸡兔同笼问题

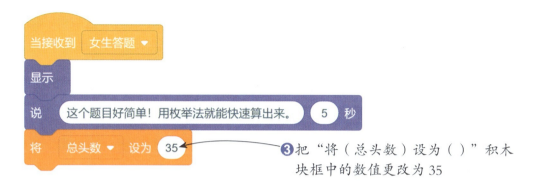

❸把"将(总头数)设为( )"积木块框中的数值更改为 35

18 根据题目设定,设置"总脚数"变量的值为 94。

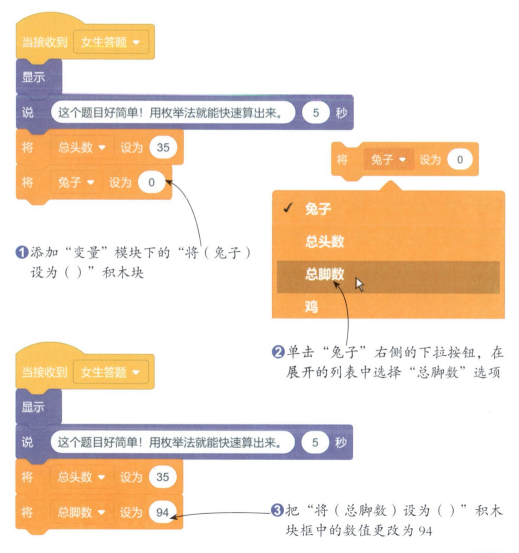

❶添加"变量"模块下的"将(兔子)设为( )"积木块

❷单击"兔子"右侧的下拉按钮,在展开的列表中选择"总脚数"选项

❸把"将(总脚数)设为( )"积木块框中的数值更改为 94

103

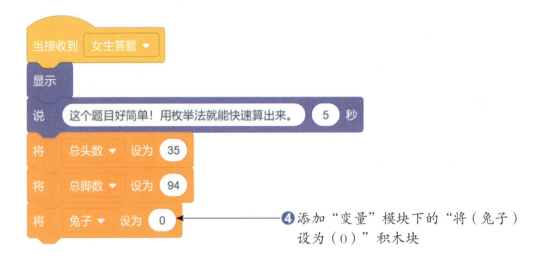

❹添加"变量"模块下的"将(兔子)设为(0)"积木块

19 重复执行将兔子的数量增加1的操作。

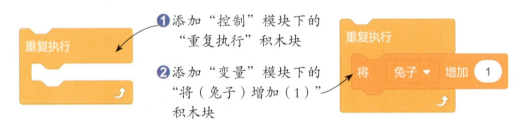

❶添加"控制"模块下的"重复执行"积木块

❷添加"变量"模块下的"将(兔子)增加(1)"积木块

20 用总头数减去兔子的数量,算出鸡的数量。

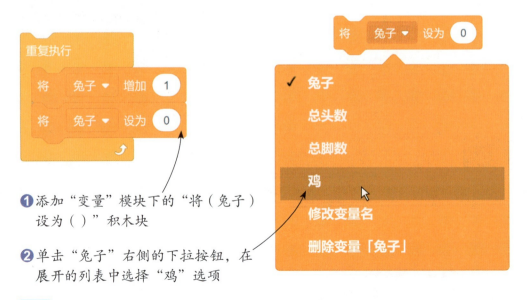

❶添加"变量"模块下的"将(兔子)设为( )"积木块

❷单击"兔子"右侧的下拉按钮,在展开的列表中选择"鸡"选项

第 4 章 | 鸡兔同笼问题

❸ 将"运算"模块下的"( )-( )"积木块拖动到"将(鸡)设为( )"积木块的框中

❹ 将"变量"模块下的"总头数"积木块拖动到"( )-( )"积木块的第 1 个框中

❺ 将"变量"模块下的"兔子"积木块拖动到"( )-( )"积木块的第 2 个框中

21 下面开始进行总脚数的计算和比较。先用算出的鸡的数量乘以每只鸡的脚数,得出鸡的总脚数。

❶ 添加"控制"模块下的"如果……那么……"积木块

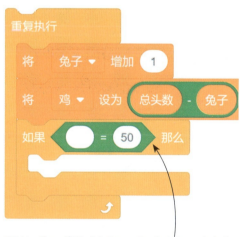

❷ 将"运算"模块下的"( )=( )"积木块拖动到"如果……那么……"积木块的条件框中

❸ 将"运算"模块下的"( )+( )"积木块拖动到"( )=( )"积木块的第 1 个框中

105

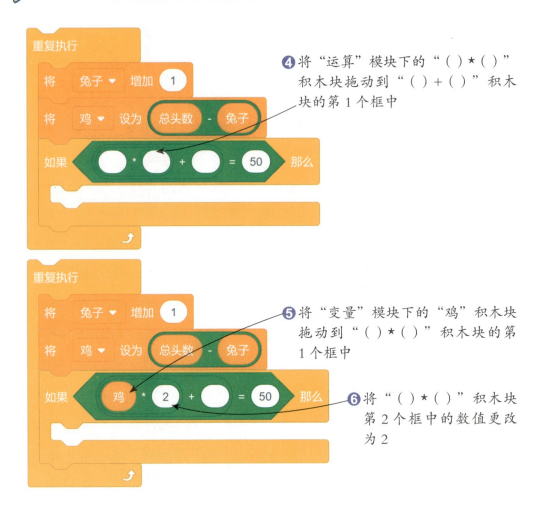

❹将"运算"模块下的"( )＊( )"积木块拖动到"( )+( )"积木块的第1个框中

❺将"变量"模块下的"鸡"积木块拖动到"( )＊( )"积木块的第1个框中

❻将"( )＊( )"积木块第2个框中的数值更改为2

22 再用列举的兔子的数量乘以每只兔子的脚数,算出兔子的总脚数。将鸡的总脚数和兔子的总脚数相加,得出鸡和兔子的总脚数。

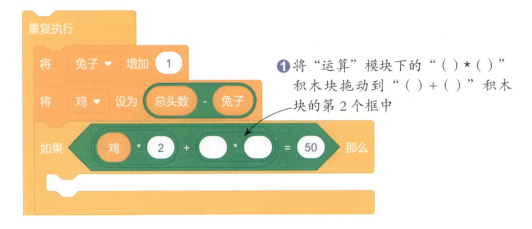

❶将"运算"模块下的"( )＊( )"积木块拖动到"( )+( )"积木块的第2个框中

第 4 章 鸡兔同笼问题

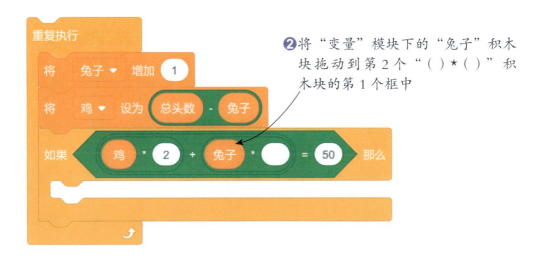

❷将"变量"模块下的"兔子"积木块拖动到第 2 个"( )★( )"积木块的第 1 个框中

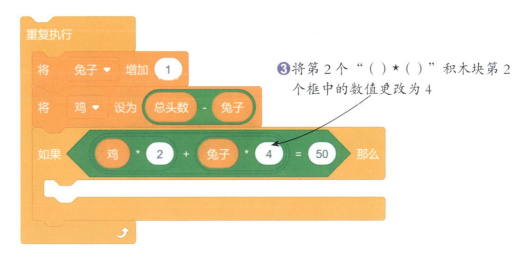

❸将第 2 个"( )★( )"积木块第 2 个框中的数值更改为 4

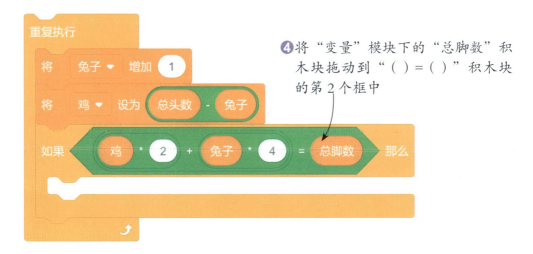

❹将"变量"模块下的"总脚数"积木块拖动到"( ) = ( )"积木块的第 2 个框中

23 如果列举出的兔子和鸡的总脚数正好等于题目设定中的总脚数 94，就将背景换成"方法 1"背景，显示枚举法的解题思路。

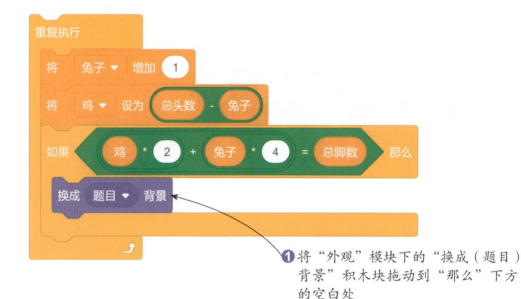

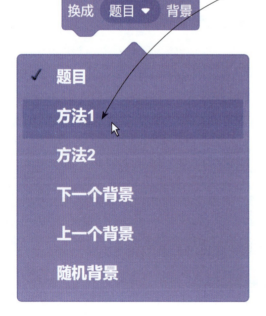

❶ 将"外观"模块下的"换成（题目）背景"积木块拖动到"那么"下方的空白处

❷ 单击"题目"右侧的下拉按钮，在展开的列表中选择"方法 1"选项

❸ 在舞台上查看切换的"方法 1"背景

第 4 章 | 鸡兔同笼问题

24 让"小女孩"角色分别说出算出的鸡和兔子的数量。

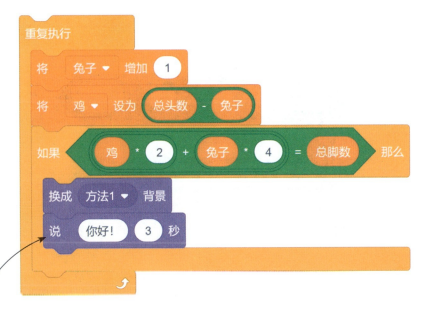

❶ 添加"外观"模块下的"说( )( )秒"积木块,并将第 2 个框中的数值更改为 3

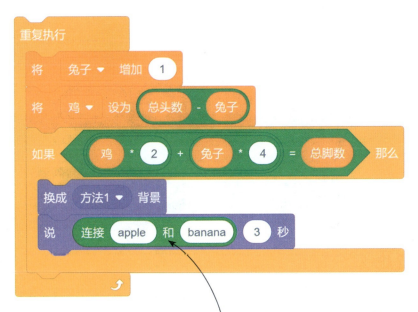

❷ 将"运算"模块下的"连接( )和( )"积木块拖动到"说( )( )秒"积木块的第 1 个框中

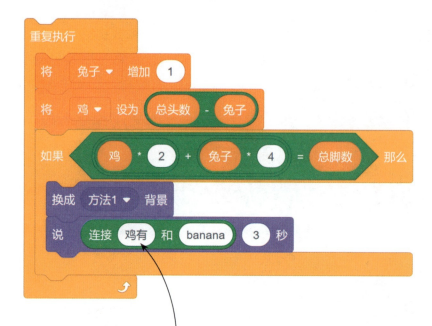

❸将"连接()和()"积木块第1个框中的文字更改为"鸡有"

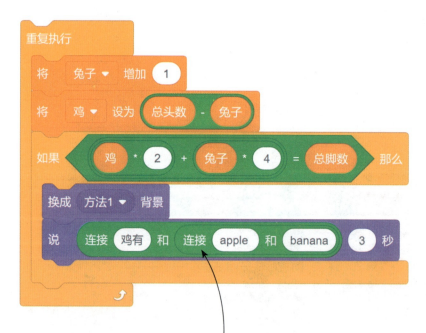

❹将一个新的"连接()和()"积木块拖动到已添加的"连接()和()"积木块的第2个框中

第4章 鸡兔同笼问题

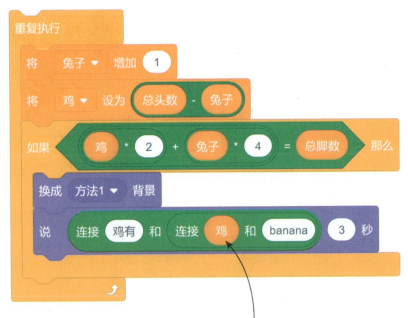

❺将"变量"模块下的"鸡"积木块拖动到第 2 个"连接（ ）和（ ）"积木块的第 1 个框中

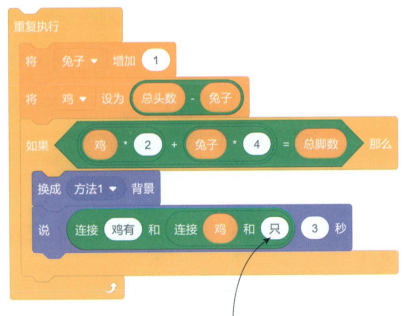

❻将第 2 个"连接（ ）和（ ）"积木块第 2 个框中的文字更改为"只"

Scratch 3.0 少儿编程与逻辑思维训练

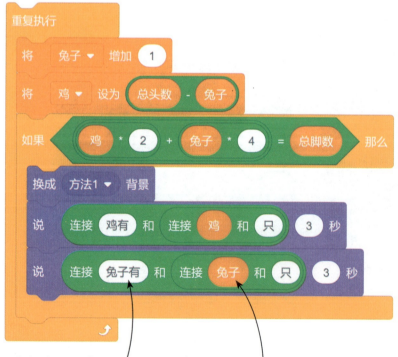

❼ 复制说话积木组,将复制的积木组粘贴在原积木组下方

❽ 将第1个框中的文字更改为"兔子有"   ❾ 将"鸡"变量更换为"兔子"变量

第4章 | 鸡兔同笼问题

> 💡 **小提示**
>
> **连接字符串**
>
> 使用"运算"模块下的"连接（）和（）"积木块，可以在一个字符串的末尾连接另一个字符串，得到一个新的字符串。在该积木块的两个框中，既可以直接输入文字内容，也可以镶嵌任何圆角矩形造型的积木块。

25 当"小女孩"角色说出正确的答案后，广播"男生答题"消息。

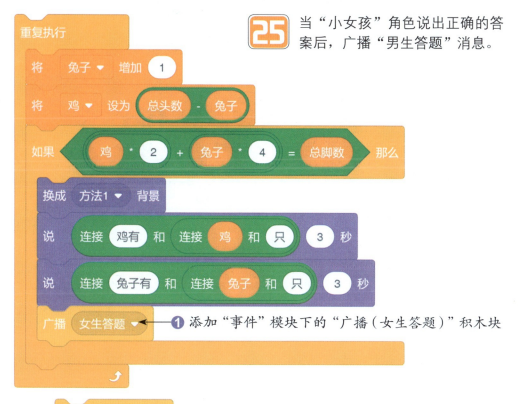

❶ 添加"事件"模块下的"广播（女生答题）"积木块

❷ 单击"女生答题"右侧的下拉按钮，在展开的列表中选择"男生答题"选项

26 终止当前脚本的运行,停止列举兔子的数量。最后将编写好的脚本与步骤 18 的脚本组合在一起,得到完整的"小女孩"角色的脚本。

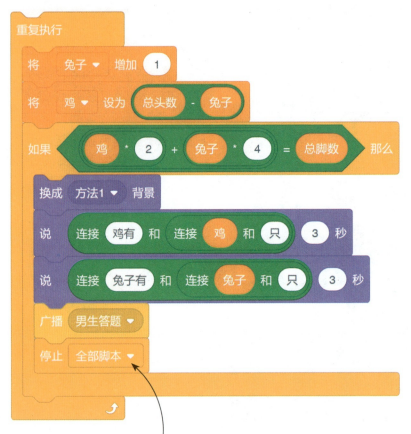

❶ 添加"控制"模块下的"停止(全部脚本)"积木块

❷ 单击"全部脚本"右侧的下拉按钮,在展开的列表中选择"这个脚本"选项

第 4 章 鸡兔同笼问题

27 选中"小男孩"角色,为其编写脚本。当单击 🏁 按钮时,隐藏"小男孩"角色,当接收到"女生答题"的消息时,显示"小男孩"角色。

❶ 添加"事件"模块下的"当🏁被点击"积木块

❷ 添加"外观"模块下的"隐藏"积木块

❸ 添加"事件"模块下的"当接收到(女生答题)"积木块

❹ 添加"外观"模块下的"显示"积木块

28 当接收到"男生答题"的消息时,先等待 10 秒,让"小女孩"角色把话说完。

❶ 添加"事件"模块下的"当接收到(女生答题)"积木块

❷ 单击"女生答题"右侧的下拉按钮,在展开的列表中选择"男生答题"选项

❸ 添加"控制"模块下的"等待( )秒"积木块

❹ 将"等待( )秒"积木块框中的数值更改为 10

29 接着让"小男孩"角色依次说出"你算得真快！"和"除了你说的方法，我还会用抬脚法进行计算。"。

❶ 添加"外观"模块下的"说(.)( )秒"积木块

❷ 将"说( )( )秒"积木块第 1 个框中的文字更改为"你算得真快！"

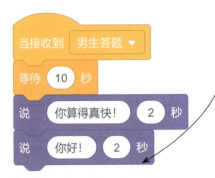

❸ 添加"外观"模块下的"说( )( )秒"积木块

❹ 将"说( )( )秒"积木块第 1 个框中的文字更改为"除了你说的方法，我还会用抬脚法进行计算。"

❺ 将"说( )( )秒"积木块第 2 个框中的数值更改为 5

第 4 章 | 鸡兔同笼问题

计算当兔子和鸡都抬起脚时,笼中剩余的总脚数。

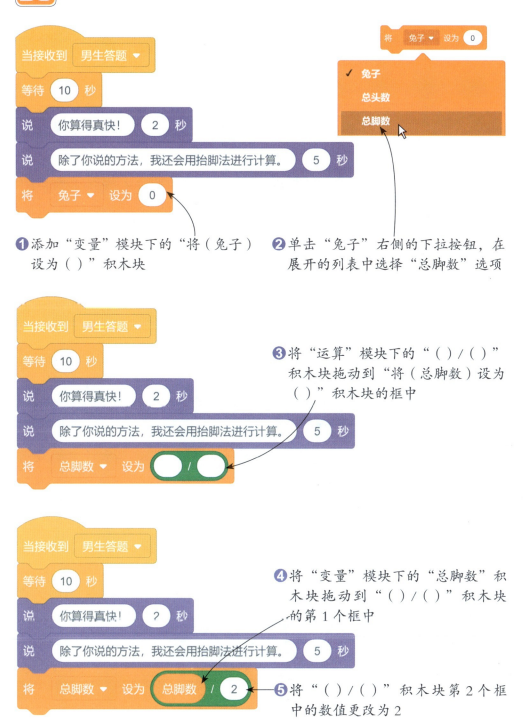

❶ 添加"变量"模块下的"将(兔子)设为( )"积木块

❷ 单击"兔子"右侧的下拉按钮,在展开的列表中选择"总脚数"选项

❸ 将"运算"模块下的"( )/( )"积木块拖动到"将(总脚数)设为( )"积木块的框中

❹ 将"变量"模块下的"总脚数"积木块拖动到"( )/( )"积木块的第1个框中

❺ 将"( )/( )"积木块第2个框中的数值更改为2

117

31 用剩余的总脚数减去题目给出的总头数，算出兔子的数量。

第 4 章 | 鸡兔同笼问题

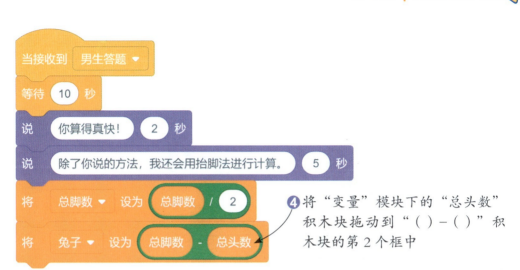

❹将"变量"模块下的"总头数"积木块拖动到"( )-( )"积木块的第 2 个框中

32 用题目给出的总头数减去算出的兔子数量,得出鸡的数量。

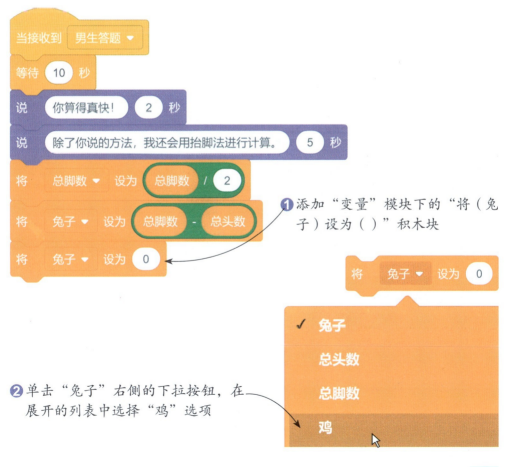

❶添加"变量"模块下的"将(兔子)设为( )"积木块

❷单击"兔子"右侧的下拉按钮,在展开的列表中选择"鸡"选项

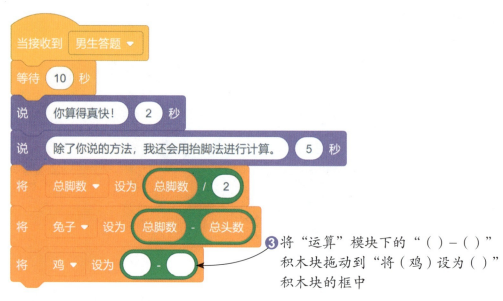

❸ 将"运算"模块下的"( ) - ( )"积木块拖动到"将（鸡）设为（ ）"积木块的框中

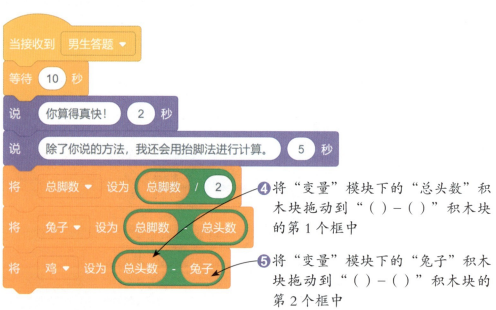

❹ 将"变量"模块下的"总头数"积木块拖动到"( ) - ( )"积木块的第 1 个框中

❺ 将"变量"模块下的"兔子"积木块拖动到"( ) - ( )"积木块的第 2 个框中

小提示

修改变量名

创建变量后，如果觉得变量名不合适，可以对它进行修改。在"变量"模块下右击需要修改名字的变量，在弹出的快捷菜单中执行"修改变量名"命令，然后在弹出的对话框中重新输入名字即可。

第 4 章 | 鸡兔同笼问题

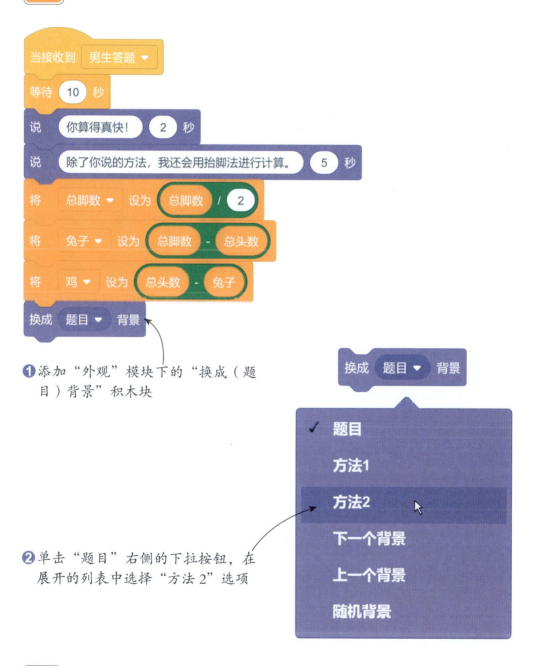

33 算出答案后,切换为"方法 2"背景,显示抬脚法的解题思路。

❶ 添加"外观"模块下的"换成(题目)背景"积木块

❷ 单击"题目"右侧的下拉按钮,在展开的列表中选择"方法2"选项

34 让"小男孩"角色说出"我算出来和你一样!"。

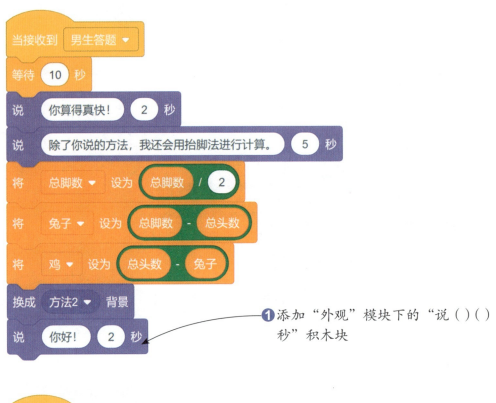

❶ 添加"外观"模块下的"说（ ）（ ）秒"积木块

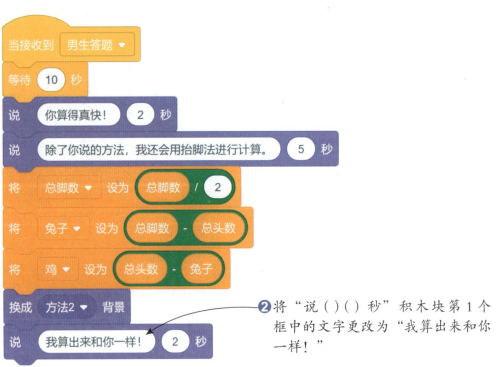

❷ 将"说（ ）（ ）秒"积木块第1个框中的文字更改为"我算出来和你一样！"

第 4 章 | 鸡兔同笼问题

35 继续让"小男孩"角色说出算出的鸡和兔子的数量。至此,这个案例的脚本就全部编写完成了。

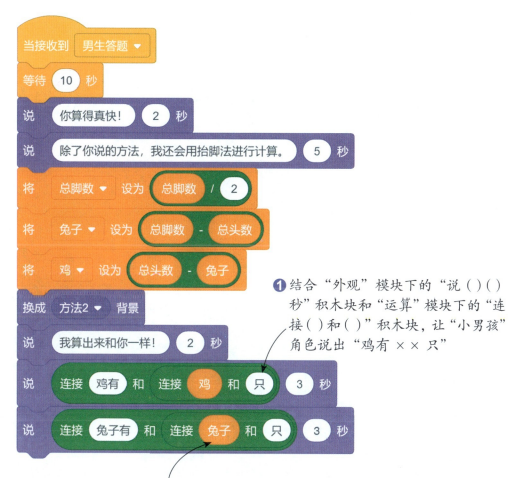

❶ 结合"外观"模块下的"说( )( )秒"积木块和"运算"模块下的"连接( )和( )"积木块,让"小男孩"角色说出"鸡有××只"

❷ 结合"外观"模块下的"说( )( )秒"积木块和"运算"模块下的"连接( )和( )"积木块,让"小男孩"角色说出"兔子有××只"

> 🍯 小提示
>
> **停止脚本运行**
>
>   当程序运行到某个阶段时,如果已达到想要的效果,就可以停止脚本运行。在 Scratch 中,停止脚本运行有 3 种类型:第 1 种是"停止(全部脚本)",即停止程序的所有脚本;第 2 种是"停止(这个脚本)",即停止正在运行的脚本;第 3 种是"停止(该角色的其他脚本)",即停止当前角色当前脚本以外的脚本。

第 5 章

盈亏问题

第 5 章 | 盈亏问题

把一定数量的物品分给一定数量的人,每人少分,则物品有余(盈);每人多分,则物品不足(亏)。这类已知所盈和所亏的数量,求物品数量和分配者数量的应用题就叫"盈亏问题"。小学数学中的盈亏问题有 3 种比较常见的类型,分别是:一次有余、一次不足的"一盈一亏"型;两次都有余的"两盈"型;两次都不足的"两亏"型。

题目设定

"一盈一亏"型

俱乐部买了一批足球。如果每个班分 8 个足球,则多了 2 个足球;如果每个班分 10 个足球,则少了 12 个足球。俱乐部一共有多少个班?这批足球一共有多少个?

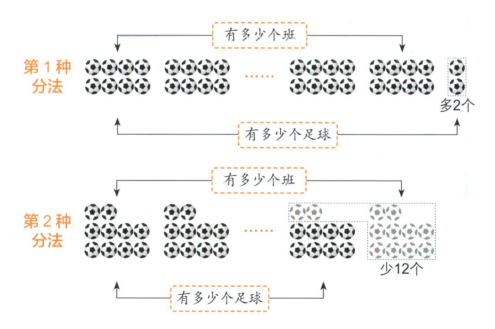

"两盈"型

俱乐部买了一批足球。如果每个班分 6 个足球,则多了 16 个足球;如果每个班分 4 个足球,则多了 30 个足球。俱乐部一共有多少个班?这批足球一共有多少个?

🔊 "两亏"型

俱乐部买了一批足球。如果每个班分 9 个足球，则少了 5 个足球；如果每个班分 11 个足球，则少了 19 个足球。俱乐部一共有多少个班？这批足球一共有多少个？

思路解析

盈亏问题的解答关键是求出总量的盈亏差和两次分配的数量差，然后利用基本公式求出分配者数量，进而求出物品数量。根据题目设定，在 Scratch 中创建"两次分配数差""总量的盈亏差""班数""足球数"4 个变量。

🔊 算出总量的盈亏差

由题目设定已知两种分法多出的足球数（盈数）和不足的足球数（亏数），根据这两个数就能算出总量的盈亏差。对于不同类型的盈亏问题，总量的盈亏差有不同的计算方法。

对于"一盈一亏"型问题，用盈数加上亏数，算出总量的盈亏差。

对于"两盈"型问题，用较大的盈数减去较小的盈数，算出总量的盈亏差。

对于"两亏"型问题，用较大的亏数减去较小的亏数，算出总量的盈亏差。

第 5 章 | 盈亏问题

🔔 算出两次分配的数量差

由题目设定已知两次分配中每次分配给每个班的足球数量,根据这两个数就能算出两次分配的数量差。对于不同类型的盈亏问题,两次分配数量差的计算方法相同,都是用分配给每个班的足球数量中较大的那个数减去较小的那个数。

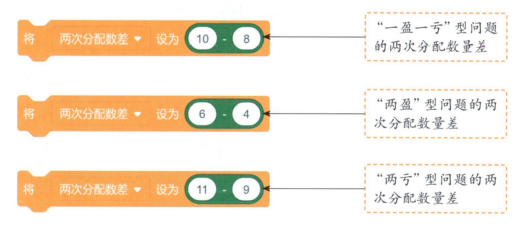

🔔 算出分配的班数

在计算出总量的盈亏差和两次分配的数量差后,就可以用它们算出分配者数量,在本题中对应的就是班数。将总量的盈亏差除以两次分配的数量差就是班数。

Scratch 3.0 少儿编程与逻辑思维训练

📢 选择其中一种分法算出足球数

算出班数后,就可以从已知的两种分法中选择一种,用班数和盈亏数计算出物品数量,在本题中对应的就是足球数。在编程时,我们统一采用第1种分法计算。

在"一盈一亏"型问题中,第1种分法为每个班分8个足球,多了2个足球。因此,用班数乘以8,然后加上多出的2个足球,得到足球数。

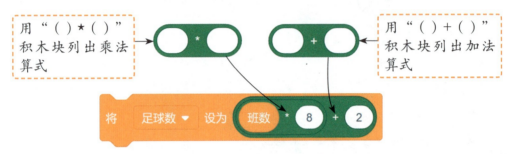

在"两盈"型问题中,第1种分法为每个班分6个足球,多了16个足球。因此,用班数乘以6,然后加上多出的16个足球,得到足球数。

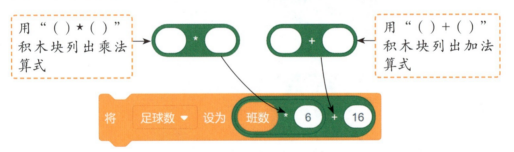

在"两亏"型问题中,第1种分法为每个班分9个足球,少了5个足球。因此,用班数乘以9,然后减去不足的5个足球,得到足球数。

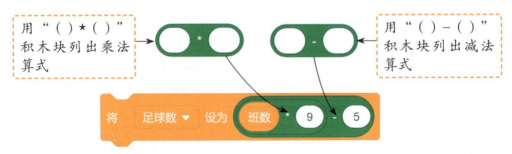

第 5 章 盈亏问题

编程步骤详解

通过前面的分析，我们掌握了解题思路和主要使用的积木块，接下来详细讲解编程的过程。

1 创建新项目，上传自定义的"盈亏背景"背景。

2 删除默认的"背景1"，选中上传的"盈亏背景"，将其重命名为"初始背景"，然后复制该背景，并重命名为"问题"。

129

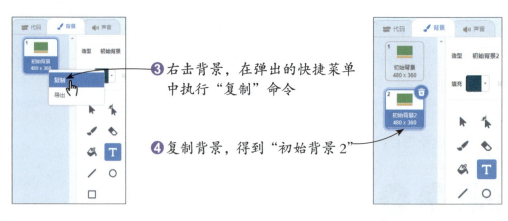

❸右击背景,在弹出的快捷菜单中执行"复制"命令

❹复制背景,得到"初始背景2"

❺将背景名更改为"问题"

3 应用"文本"工具在"问题"背景中输入问题解析文字。

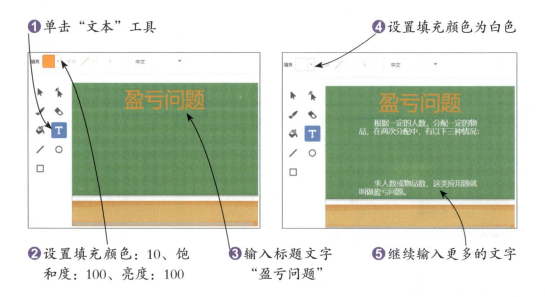

❶单击"文本"工具

❷设置填充颜色:10、饱和度:100、亮度:100

❸输入标题文字"盈亏问题"

❹设置填充颜色为白色

❺继续输入更多的文字

第 5 章 | 盈亏问题

> **小提示**
>
> **更改文字颜色**
> 　　在画布中输入文字后,如果要更改文字颜色,可以用"选择"工具选中文字,然后单击"填充"右侧的颜色块,在展开的面板中拖动"颜色""饱和度""亮度"滑块进行设置,也可以单击"吸管工具"后在画布中单击吸取颜色。

4 删除初始小猫角色,通过绘制角色的方法,创建自定义角色"一盈一亏",然后在画布中输入文字。

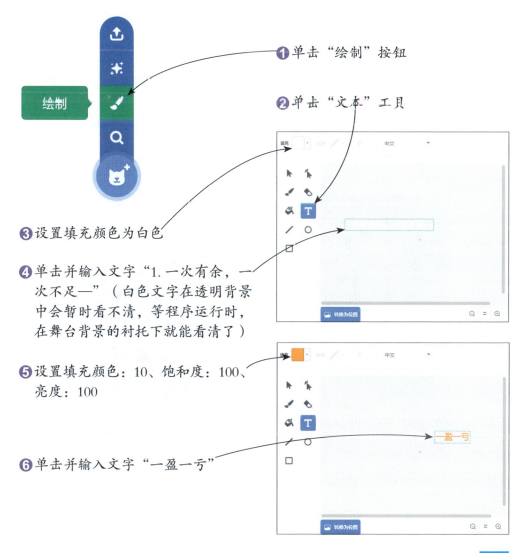

❶ 单击"绘制"按钮

❷ 单击"文本"工具

❸ 设置填充颜色为白色

❹ 单击并输入文字"1.一次有余,一次不足—"(白色文字在透明背景中会暂时看不清,等程序运行时,在舞台背景的衬托下就能看清了)

❺ 设置填充颜色:10、饱和度:100、亮度:100

❻ 单击并输入文字"一盈一亏"

131

5 选中"一盈一亏"角色,在角色列表区设置角色的位置。再用相同的方法创建"两盈"和"两亏"角色,并将它们移到合适的位置。

❶ 设置"一盈一亏"角色的位置
❷ 设置"两盈"角色的位置
❸ 设置"两亏"角色的位置

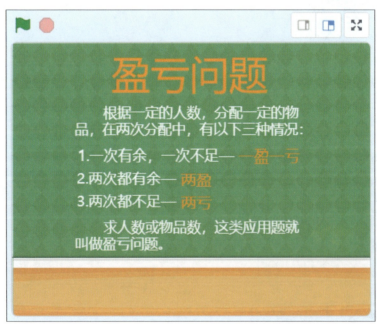

第 5 章 | 盈亏问题

6 使用复制的方式添加 3 个背景，分别重命名为"题目 1""题目 2""题目 3"，在背景中输入不同的题目内容。

❶ 复制"初始背景"，重命名为"题目 1"

❷ 使用"矩形"工具在背景中绘制图形，并使用"文本"工具在图形上输入"题目 1"的内容

❸ 复制"题目 1"，重命名为"题目 2"

❹ 使用"文本"工具选中文字，并更改为"题目 2"的内容

❺ 复制"题目 2"，重命名为"题目 3"

❻ 使用"文本"工具选中文字，并更改为"题目 3"的内容

Scratch 3.0 少儿编程与逻辑思维训练

7 使用复制的方式再添加 3 个背景，分别重命名为 "解答 1" "解答 2" "解答 3"，在背景中根据题目类型输入对应的解题方法。

❶ 复制 "题目 1"，重命名为 "解答 1"

❷ 去除图形的轮廓线，使用 "文本" 工具选中文字，并更改为 "一盈一亏" 问题的解题方法

❸ 复制 "解答 1"，重命名为 "解答 2"

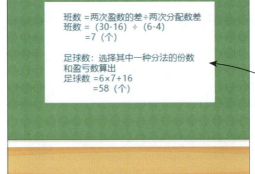

❹ 使用 "文本" 工具选中文字，并更改为 "两盈" 问题的解题方法

❺ 复制 "解答 2"，重命名为 "解答 3"

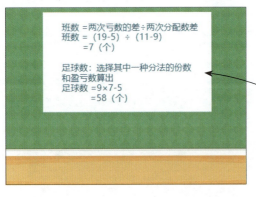

❻ 使用 "文本" 工具选中文字，并更改为 "两亏" 问题的解题方法

第 5 章 | 盈亏问题

8 添加角色库中的"Avery"角色,调整角色的位置和大小,并删除"avery-b"角色造型。

❶ 单击"选择一个角色"按钮

❷ 单击"人物"标签

❸ 单击"Avery"角色

❹ 设置"Avery"角色的位置和大小

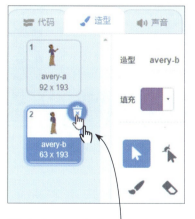

❺ 在造型列表中选中"avery-b"造型,单击"删除"按钮❻,删除造型

❻ 显示添加的"Avery"角色

9 添加角色库中的"Abby"角色,调整角色的位置和大小,并删除"abby-a"和"abby-d"两种多余的角色造型。

135

❶单击"选择一个角色"按钮 ❷单击"人物"标签

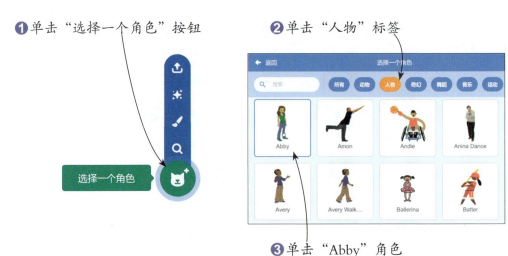

❸单击"Abby"角色

❹设置"Abby"角色的位置和大小

❺在造型列表中选中"abby-a"造型,单击"删除"按钮 ❻选中"abby-d"造型,单击"删除"按钮 ❼显示添加的"Abby"角色

10 分别选中"abby-b"和"abby-c"造型,单击"水平翻转"按钮▸,水平翻转造型,更改造型面朝的方向。

第 5 章 | 盈亏问题

❶选中"abby-b"造型　❷单击"水平翻转"按钮　❹选中"abby-c"造型　❺单击"水平翻转"按钮

❸水平翻转角色造型　　　　　　　　❻水平翻转角色造型

11 选中"Avery"角色，为其编写脚本。当单击 🏁 按钮时，切换为"初始背景"背景，并显示"Avery"角色。

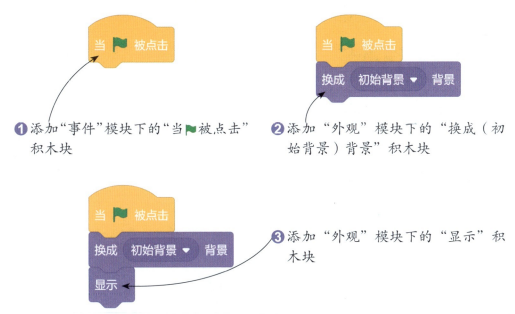

❶ 添加"事件"模块下的"当 🏁 被点击"积木块

❷ 添加"外观"模块下的"换成（初始背景）背景"积木块

❸ 添加"外观"模块下的"显示"积木块

12 让显示出来的"Avery"角色依次说出"下面我们要来学习盈亏问题"和"先来看看什么是盈亏问题"。

137

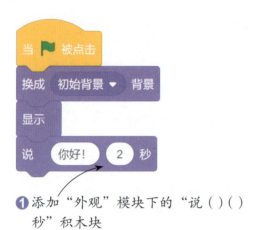

❶ 添加"外观"模块下的"说（）（）秒"积木块

❷ 将"说（）（）秒"积木块第1个框中的文字更改为"下面我们要来学习盈亏问题"

❸ 再次添加"外观"模块下的"说（）（）秒"积木块

❹ 将"说（）（）秒"积木块第1个框中的文字更改为"先来看看什么是盈亏问题"

13 当"Avery"角色说完话后，广播"问题解析"消息。

❶ 添加"事件"模块下的"广播（消息1）"积木块

第 5 章 | 盈亏问题

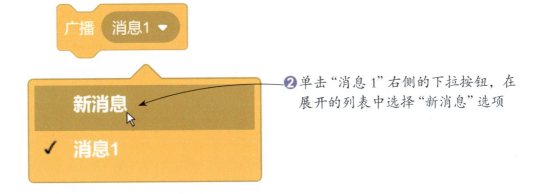

❷ 单击"消息1"右侧的下拉按钮，在展开的列表中选择"新消息"选项

❸ 输入新消息的名称为"问题解析"

❹ 单击"确定"按钮

14 选中"一盈一亏"角色，为角色编写脚本。当单击 🚩 按钮时，隐藏"一盈一亏"角色。

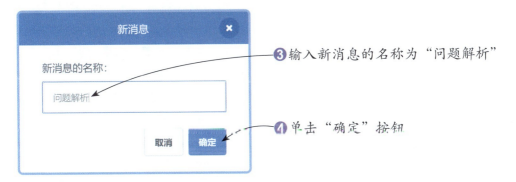

❶ 添加"事件"模块下的"当🚩被点击"积木块

❷ 添加"外观"模块下的"隐藏"积木块

15 当接收到"问题解析"的消息时，切换为"问题"背景，并显示"一盈一亏"角色。

❶ 添加"事件"模块下的"当接收到（问题解析）"积木块

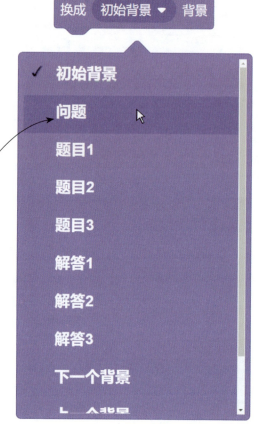

❷ 添加"外观"模块下的"换成（初始背景）背景"积木块

❸ 单击"初始背景"右侧的下拉按钮，在展开的列表中选择"问题"选项

❹ 添加"外观"模块下的"显示"积木块

16 当单击舞台中的"一盈一亏"角色时，切换为"题目1"背景，显示"一盈一亏"类型的题目内容。

❶ 添加"事件"模块下的"当角色被点击"积木块

❷ 添加"外观"模块下的"换成（初始背景）背景"积木块

第 5 章 | 盈亏问题

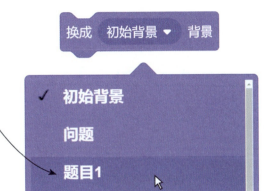

❸ 单击"初始背景"右侧的下拉按钮，在展开的列表中选择"题目1"选项

17 广播"例题1解答"消息，通知"Abby"角色根据题目做好答题准备，并隐藏"一盈一亏"角色。

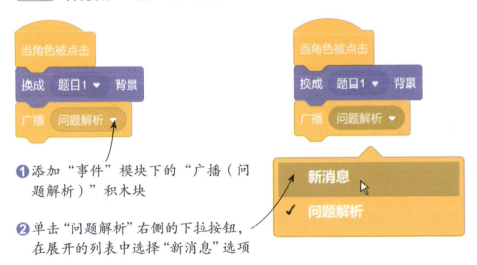

❶ 添加"事件"模块下的"广播（问题解析）"积木块

❷ 单击"问题解析"右侧的下拉按钮，在展开的列表中选择"新消息"选项

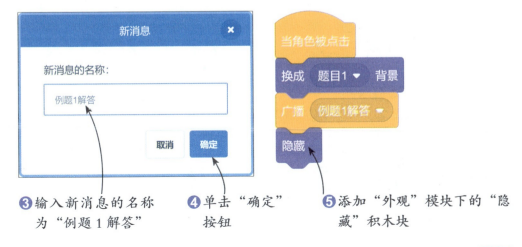

❸ 输入新消息的名称为"例题1解答"

❹ 单击"确定"按钮

❺ 添加"外观"模块下的"隐藏"积木块

141

18 当接收到"例题2解答"的消息时,隐藏"一盈一亏"角色。

❶ 添加"事件"模块下的"当接收到(问题解析)"积木块,单击"问题解析"右侧的下拉按钮,在展开的列表中选择"新消息"选项

❷ 输入新消息的名称为"例题2解答"

❸ 单击"确定"按钮

❹ 添加"外观"模块下的"隐藏"积木块

19 当接收到"例题3解答"的消息时,同样隐藏"一盈一亏"角色。

❶ 添加"事件"模块下的"当接收到(问题解析)"积木块,单击"问题解析"右侧的下拉按钮,在展开的列表中选择"新消息"选项

❷ 输入新消息的名称为"例题3解答"

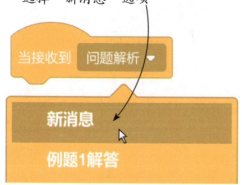

❸ 单击"确定"按钮

❹ 添加"外观"模块下的"隐藏"积木块

20 选中"两盈"角色,为其编写脚本。与"一盈一亏"角色的脚本类似,不同的是,在单击舞台上的"两盈"角色时,切换为"题目2"背景,显示"两盈"类型的题目内容,在解答例题1和例题3时,隐藏"两盈"角色。

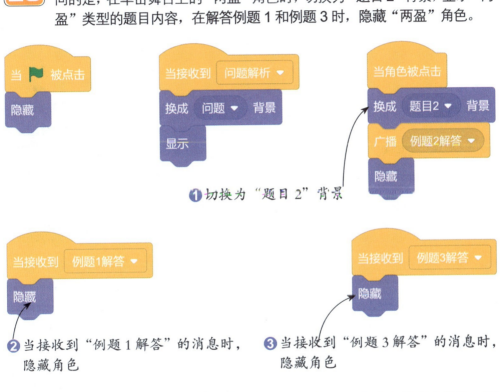

❶ 切换为"题目 2"背景

❷ 当接收到"例题1解答"的消息时,隐藏角色

❸ 当接收到"例题3解答"的消息时,隐藏角色

21 选中"两亏"角色,为其编写脚本。与"一盈一亏"角色的脚本类似,不同的是,在单击舞台上的"两亏"角色时,切换为"题目3"背景,显示"两亏"类型的题目内容,在解答例题1和例题2时,隐藏"两亏"角色。

❶ 切换为"题目 3"背景

❷当接收到"例题1解答"的消息时，隐藏角色

❸当接收到"例题2解答"的消息时，隐藏角色

22 根据题目内容，创建"总量的盈亏差""两次分配数差""班数""足球数"4个变量。

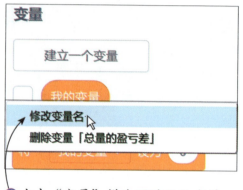

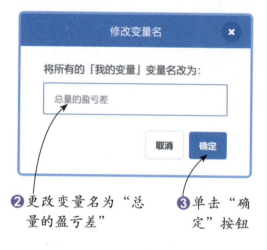

❶右击"变量"模块下的默认变量，在弹出的快捷菜单中单击"修改变量名"命令

❷更改变量名为"总量的盈亏差"

❸单击"确定"按钮

❹创建"总量的盈亏差"变量

❺单击"建立一个变量"按钮

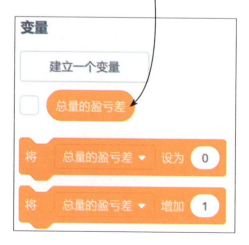

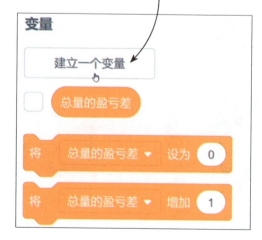

❻输入新变量名为"两次分配数差"

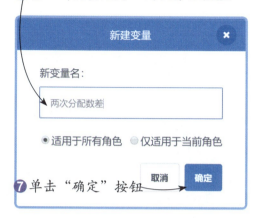

❼单击"确定"按钮

❽用相同的方法创建"班数"和"足球数"两个变量,并将所有变量隐藏起来

23 选中"Abby"角色,为其编写脚本。当接收到"一盈一亏"角色发出的"例题1解答"消息时,换成"abby-b"造型,并等待15秒,让大家看清题目1的内容。

❶添加"事件"模块下的"当接收到(例题1解答)"积木块

❷添加"外观"模块下的"换成(abby-b)造型"积木块

❸添加"控制"模块下的"等待( )秒"积木块

❹将"等待( )秒"积木块框中的数值更改为15

Scratch 3.0 少儿编程与逻辑思维训练

24 用第1种分法下多出的足球数加上第2种分法下不足的足球数，算出"一盈一亏"时的"总量的盈亏差"。

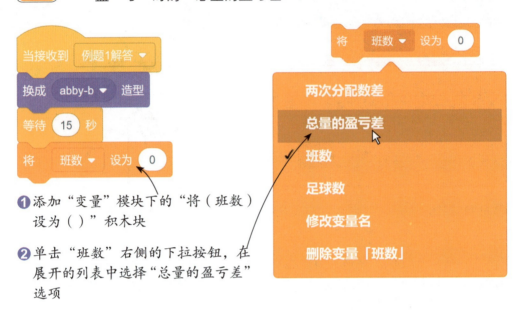

❶ 添加"变量"模块下的"将（班数）设为（）"积木块

❷ 单击"班数"右侧的下拉按钮，在展开的列表中选择"总量的盈亏差"选项

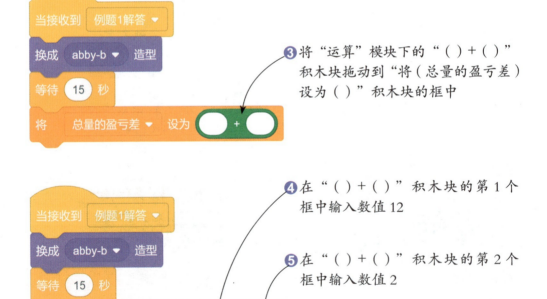

❸ 将"运算"模块下的"（）+（）"积木块拖动到"将（总量的盈亏差）设为（）"积木块的框中

❹ 在"（）+（）"积木块的第1个框中输入数值12

❺ 在"（）+（）"积木块的第2个框中输入数值2

第 5 章 盈亏问题

25 用第 2 种分法下每班分得的足球数减去第 1 种分法下每班分得的足球数，算出"一盈一亏"时的"两次分配数差"。

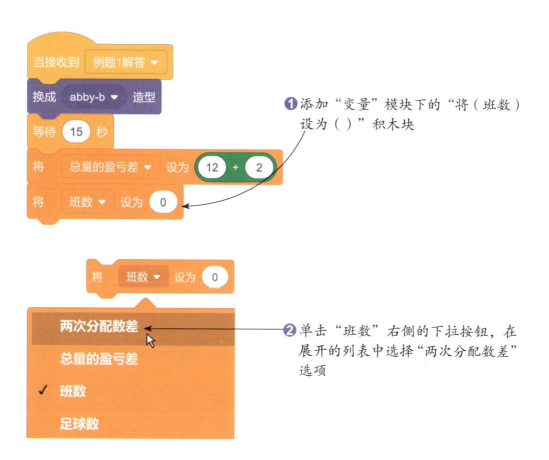

❶ 添加"变量"模块下的"将（班数）设为（ ）"积木块

❷ 单击"班数"右侧的下拉按钮，在展开的列表中选择"两次分配数差"选项

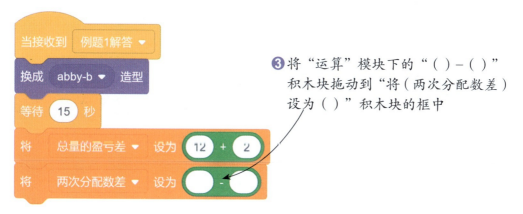

❸ 将"运算"模块下的"（ ）-（ ）"积木块拖动到"将（两次分配数差）设为（ ）"积木块的框中

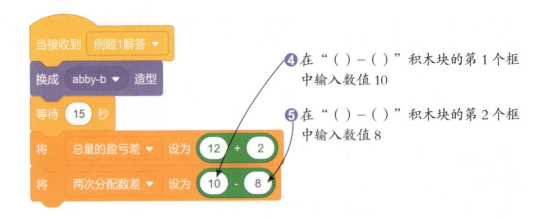

❹ 在"( )-( )"积木块的第1个框中输入数值10

❺ 在"( )-( )"积木块的第2个框中输入数值8

26 算出"总量的盈亏差"和"两次分配数差"后,用"总量的盈亏差"除以"两次分配数差",就能算出题目中要求的"班数"。

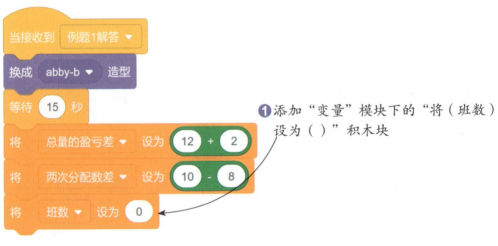

❶ 添加"变量"模块下的"将(班数)设为( )"积木块

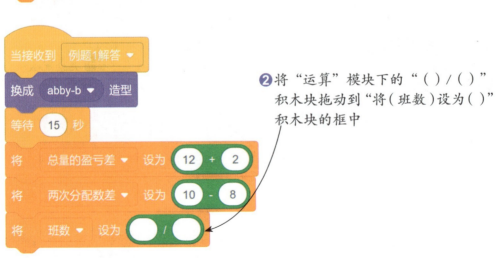

❷ 将"运算"模块下的"( )/( )"积木块拖动到"将(班数)设为( )"积木块的框中

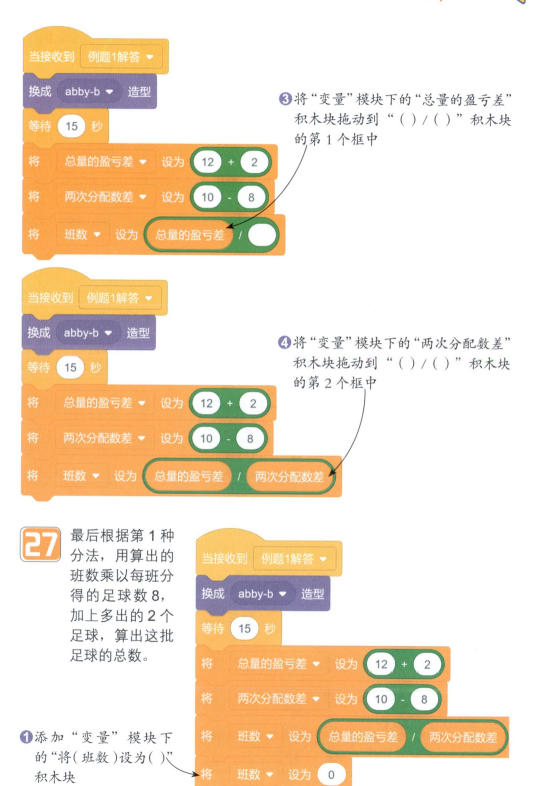

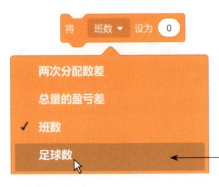

❷单击"班数"右侧的下拉按钮,在展开的列表中选择"足球数"选项

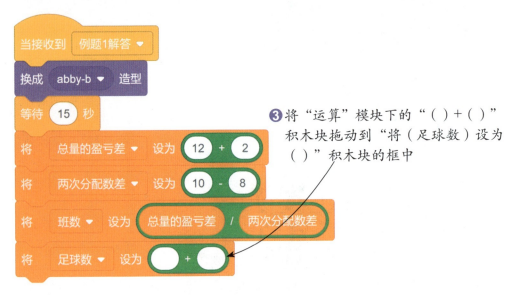

❸将"运算"模块下的"( )+( )"积木块拖动到"将(足球数)设为( )"积木块的框中

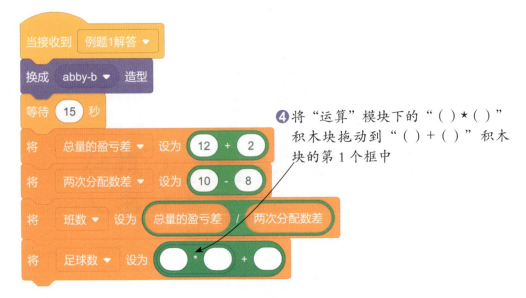

❹将"运算"模块下的"( )*( )"积木块拖动到"( )+( )"积木块的第1个框中

第 5 章 | 盈亏问题

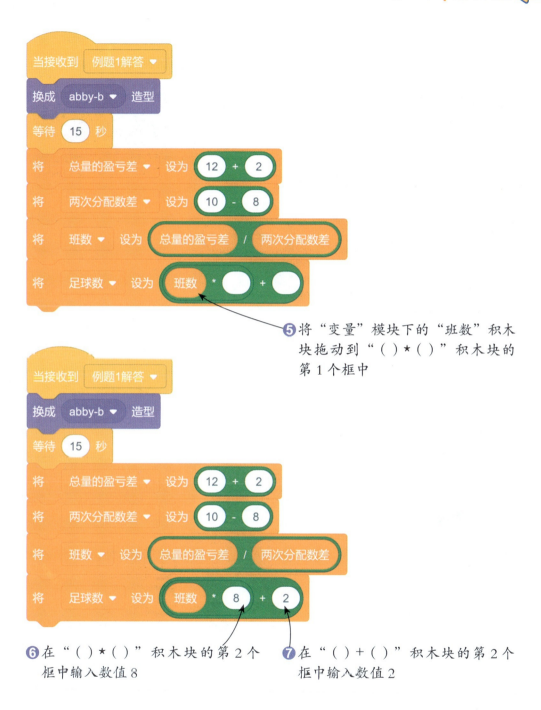

❺ 将"变量"模块下的"班数"积木块拖动到"( )＊( )"积木块的第 1 个框中

❻ 在"( )＊( )"积木块的第 2 个框中输入数值 8

❼ 在"( )＋( )"积木块的第 2 个框中输入数值 2

28 算出答案后,将"Abby"角色切换为"abby-c"造型。

Scratch 3.0 少儿编程与逻辑思维训练

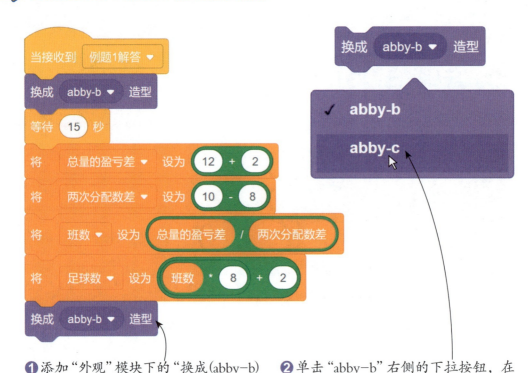

❶ 添加"外观"模块下的"换成(abby-b)造型"积木块

❷ 单击"abby-b"右侧的下拉按钮，在展开的列表中选择"abby-c"选项

29 将背景切换为"解答1"，显示"一盈一亏"时的解题方法。

❶ 添加"外观"模块下的"换成(初始背景)背景"积木块

第 5 章 | 盈亏问题

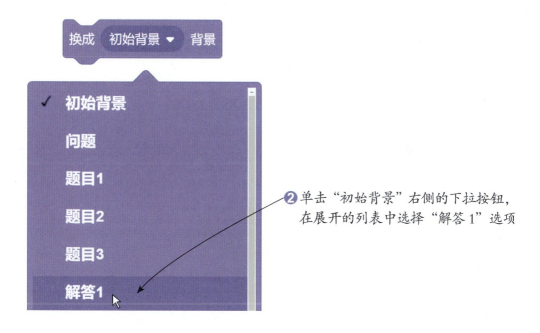

❷ 单击"初始背景"右侧的下拉按钮，在展开的列表中选择"解答1"选项

30 让"Abby"角色说出算出的"班数"。

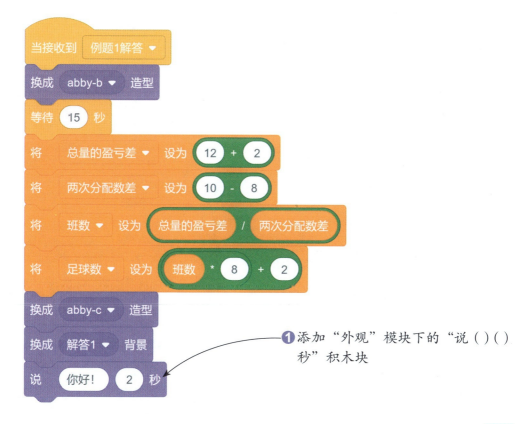

❶ 添加"外观"模块下的"说（ ）（ ）秒"积木块

153

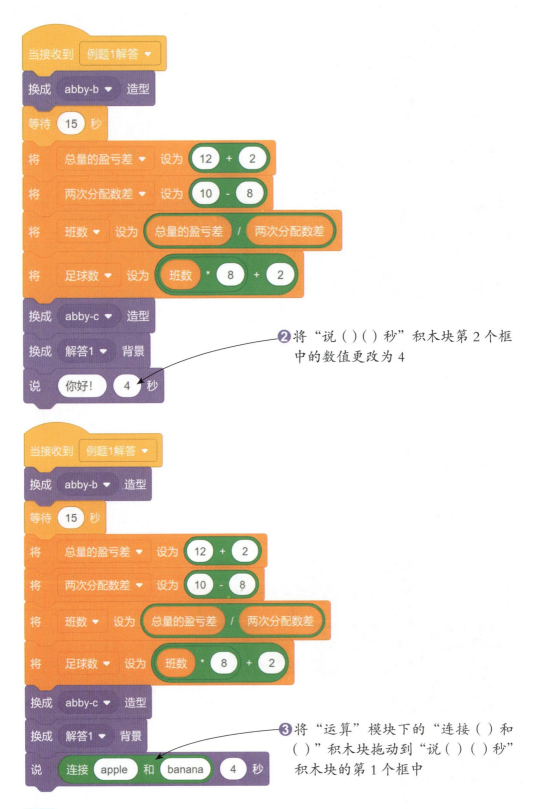

第 5 章 | 盈亏问题

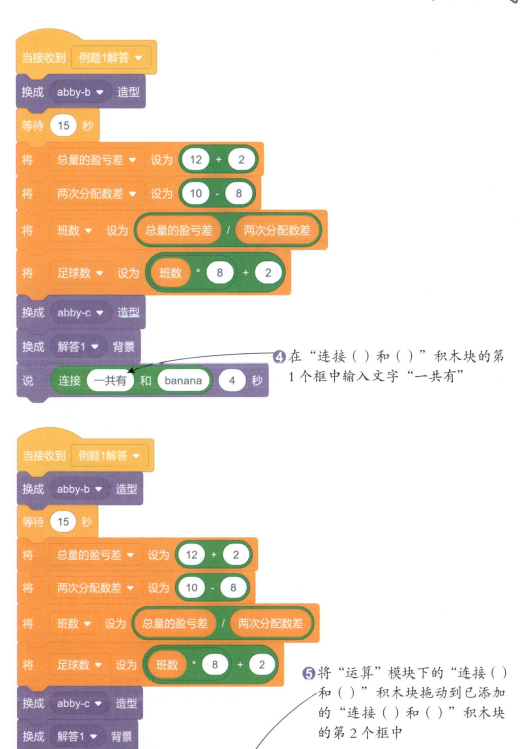

❹ 在"连接（ ）和（ ）"积木块的第 1 个框中输入文字"一共有"

❺ 将"运算"模块下的"连接（ ）和（ ）"积木块拖动到已添加的"连接（ ）和（ ）"积木块的第 2 个框中

Scratch 3.0 少儿编程与逻辑思维训练

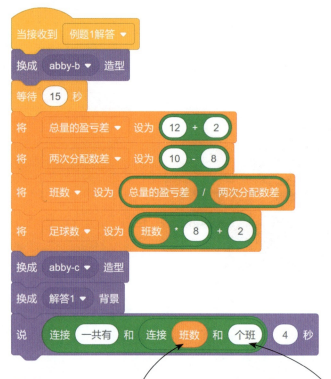

❻ 将"变量"模块下的"班数"积木块拖动到第2个"连接()和()"积木块的第1个框中

❼ 在第2个"连接()和()"积木块的第2个框中输入文字"个班"

> **小提示**
>
> **自动整理积木组**
>
> 随着编程的进行,脚本区的积木组会越来越多。有时积木组会相互遮挡,给编程带来了不便。右击脚本区的任意空白处,在弹出的快捷菜单中单击"整理积木"命令,脚本区的积木组就会自动从上到下排列,让脚本区变得井井有条。

31 复制积木组,让"Abby"角色继续说出算出的"足球数"。

第 5 章 | 盈亏问题

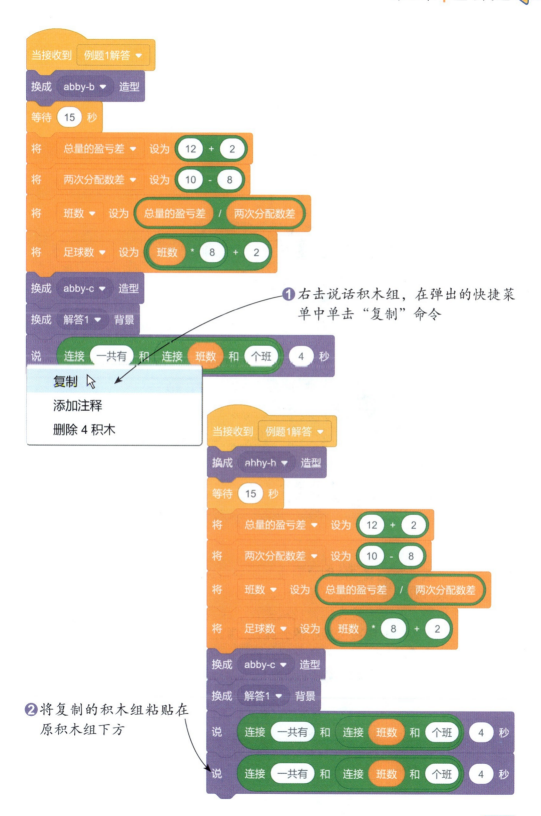

❶ 右击说话积木组，在弹出的快捷菜单中单击"复制"命令

❷ 将复制的积木组粘贴在原积木组下方

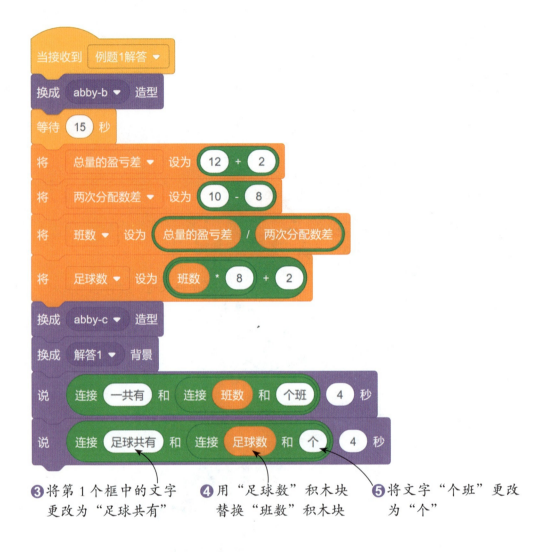

❸将第1个框中的文字更改为"足球共有"　❹用"足球数"积木块替换"班数"积木块　❺将文字"个班"更改为"个"

32 接下来编写题目2，即"两盈"时的解题方法，其思路与题目1非常相似。只需要复制整个积木组，将接收的消息更改为"例题2解答"，并用两次分配中较大的盈数减去较小的盈数，算出"总量的盈亏差"，用较大的分配数减去较小的分配数，算出"两次分配数差"，然后用"总量的盈亏差"除以"两次分配数差"，算出答案，并切换为"解答2"背景，显示相应的解题方法。

第 5 章 | 盈亏问题

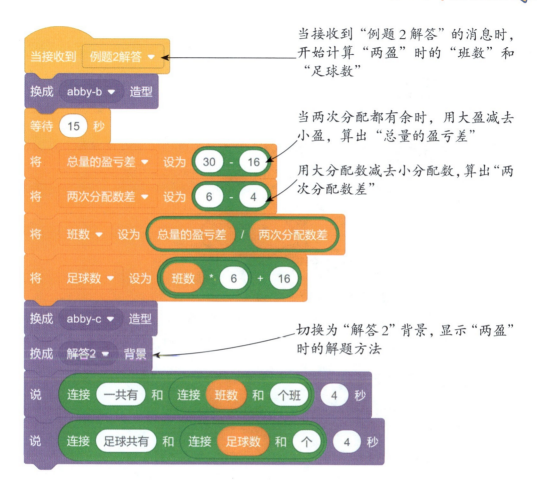

当接收到"例题 2 解答"的消息时，开始计算"两盈"时的"班数"和"足球数"

当两次分配都有余时，用大盈减去小盈，算出"总量的盈亏差"

用大分配数减去小分配数，算出"两次分配数差"

切换为"解答 2"背景，显示"两盈"时的解题方法

33 最后编写题目 3，即"两亏"时的解题方法。同样复制整个积木组，将接收的消息更改为"例题 3 解答"，并用两次分配中较大的亏数减去较小的亏数，算出"总量的盈亏差"，用较大的分配数减去较小的分配数，算出"两次分配数差"，然后用"总量的盈亏差"除以"两次分配数差"，算出答案，并切换为"解答 3"背景，显示相应的解题方法。

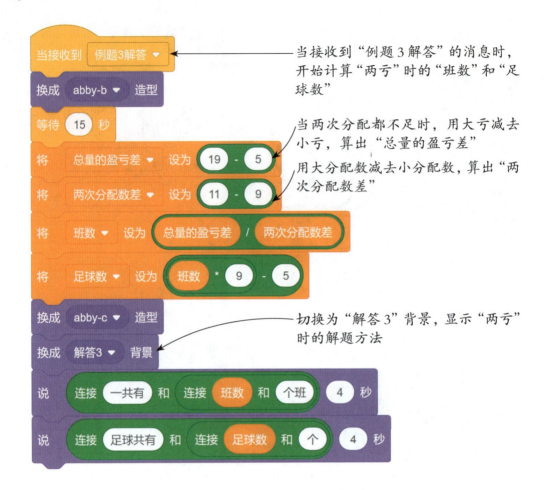

Scratch 3.0 少儿编程与逻辑思维训练

和、差、倍是两个数之间最基本的数量关系，这三个关系中只要知道任意两个，都可以求出相应的两个数，这类问题统称为"和差倍问题"。知道两个数的"和"与"差"，求这两个数，叫"和差问题"；知道两个数的"和"与"倍"，求这两个数，叫"和倍问题"；知道两个数的"差"与"倍"，求这两个数，叫"差倍问题"。

题目设定

📣 和差问题

妈妈去市场买水果，苹果和梨子一共买了 36 个，并且苹果比梨子多 18 个。妈妈买了苹果和梨子各多少个？

📣 和倍问题

妈妈去市场买水果，苹果和梨子一共买了 36 个，并且苹果个数是梨子个数的 3 倍。妈妈买了苹果和梨子各多少个？

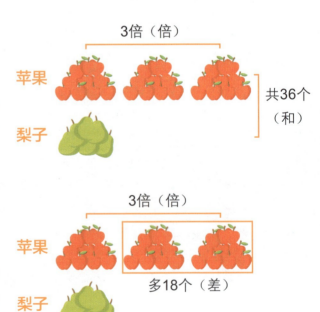

📣 差倍问题

妈妈去市场买水果，买的苹果比梨子多 18 个，并且苹果个数是梨子个数的 3 倍。妈妈买了苹果和梨子各多少个？

思路解析

解答和差倍问题，首先需要判断题目类型，根据类型选择相应的方式进行解题。如果题目为和差问题，则用"和"与"差"就能求出答案；如果题目为和倍问题或差倍问题，那么还要找到与"和"或"差"相对应的倍数关系，然后根据倍数关系求出答案。

📢 判断题目类型

解答和差倍问题最重要的一步就是判断题目类型。判断时可抓住"和""共""……比……多""……比……少""××是××的×倍"等关键字眼。例如，如果出现"和"及"……比……少"等字眼，则为和差问题；如果出现"和"及"××是××的×倍"等字眼，则为和倍问题；如果出现"……比……少"及"××是××的×倍"等字眼，则为差倍问题。

本案例的程序会从三种题目类型中随机挑选一种类型的题目显示在舞台上，小朋友需要通过审题判断题目类型。因此，创建"题目类型"变量，再以"询问（）并等待"的方式，让小朋友通过输入数字1、2或3，选择判断出的题目类型。

随后需要判断小朋友输入的数字与程序随机挑选的题目类型是否一致。如果小朋友选择的题目类型正确，则解答题目；如果选择不正确，则会提示小朋友重新选择。

先用"如果……那么……"积木块通过角色的当前造型编号判断显示的题目是题目1、题目2还是题目3，再用"如果……那么……否则……"积木块判断小朋友选择的题目类型是否正确。

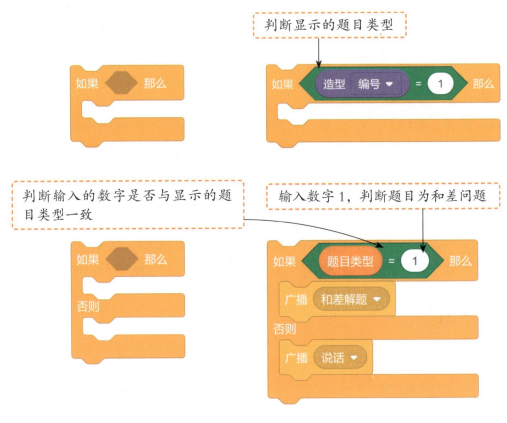

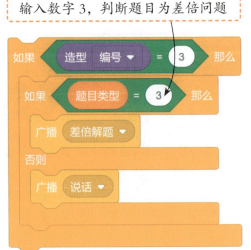

第6章 和差倍问题

🔊 判断为和差问题，找出"和"与"差"的关系

判断题目为和差问题后，就需要使用相应的方法来解题。和差问题不需要判断倍数关系，因此，先创建"和"和"差"两个变量，再将题目中的数字"36"和"18"分别赋值给这两个变量。

解答和差问题通常用假设法。假设较大的数减小到与较小的数同样小，即可先求出较小的数，用数量关系式表示为：（和 − 差）÷ 2 = 较小的数。创建"梨子"和"苹果"两个变量，分别代表它们的个数。根据题目设定，"苹果"比"梨子"多，因此，"梨子"对应较小的数，"苹果"对应较大的数。假设让"苹果"减小到与"梨子"相同，那么总个数就少了 18 个，变为 36 − 18 = 18 个。此时的总个数是"梨子"的 2 倍，所以"梨子"就为 18 ÷ 2 = 9 个。

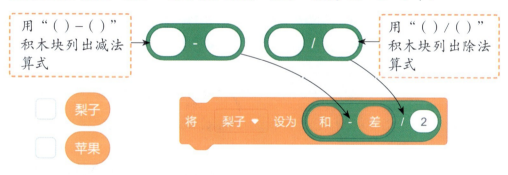

反之，假设较小的数增大到与较大的数同样大，即可先求出较大的数，用数量关系式表示为：（和 + 差）÷ 2 = 较大的数。结合题目设定，假设让"梨子"增大到与"苹果"相同，那么总个数就多了 18 个，变为 36 + 18 = 54 个。此时的总个数是"苹果"的 2 倍，所以"苹果"就为 54 ÷ 2 = 27 个。

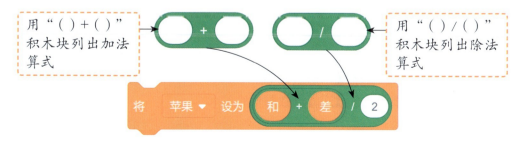

📢 判断为和倍问题，找出"和"与"倍数"的关系

判断题目为和倍问题后，同样需要使用相应的方法来解题。解答和倍问题的关键在于找出两数之和与倍数的关系。因此，这里需要再创建一个"倍数"变量，并将题目设定中给出的倍数赋值给变量。

将两个数中较小的数（梨子）看成"1倍数"，把较大的数（苹果）看成"几倍数"，那么几倍数＝1倍数×倍数，则"和"与"倍数"的关系可以表示为：和＝1倍数＋几倍数＝1倍数＋1倍数×倍数＝1倍数×（倍数＋1）。所以，1倍数＝和÷（倍数＋1）。求出"1倍数"（梨子），再根据"几倍数＝1倍数×倍数"或"几倍数＝和－1倍数"，很容易就能求出"几倍数"（苹果）。这里选择前一种方法求"几倍数"。

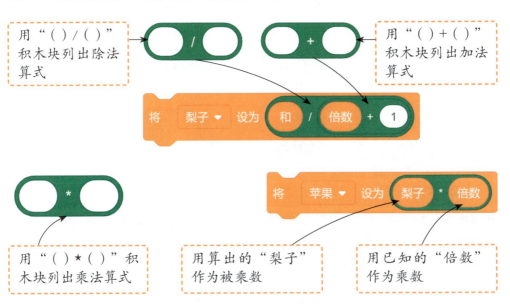

📢 判断为差倍问题，找出"差"与"倍数"的关系

与和倍问题类似，解答差倍问题的关键在于找出两数之差与倍数的关系。同样，在解答前将题目中已知的倍数赋值给变量。

第6章 和差倍问题

差倍问题可列出数量关系式：差＝几倍数－1倍数＝1倍数×倍数－1倍数＝1倍数×（倍数－1）。所以，1倍数＝差÷（倍数－1）。求出"1倍数"（梨子），再求"几倍数"（苹果）就很容易了。

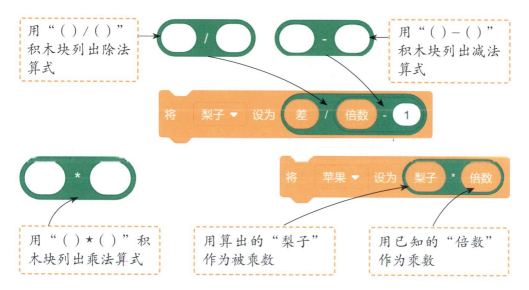

编程步骤详解

通过前面的分析，我们掌握了解题思路和主要使用的积木块，接下来详细讲解编程的过程。

1 创建新项目，上传自定义的"问题"背景。

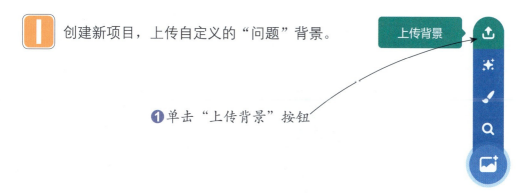

❶单击"上传背景"按钮

167

Scratch 3.0 少儿编程与逻辑思维训练

❷单击"问题"背景素材　❸单击"打开"按钮　❹在舞台中显示"问题"背景

2 在"背景"选项卡下删除默认的"背景1",再上传自定义的"判断"背景。

❶单击"上传背景"按钮　❷单击"判断"背景素材　❸单击"打开"按钮

3 应用相同的方法,继续上传自定义的"和差""和倍""差倍"背景。

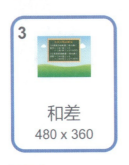 

❶上传"和差"背景,显示问题的解题方法

168

第 6 章 和差倍问题

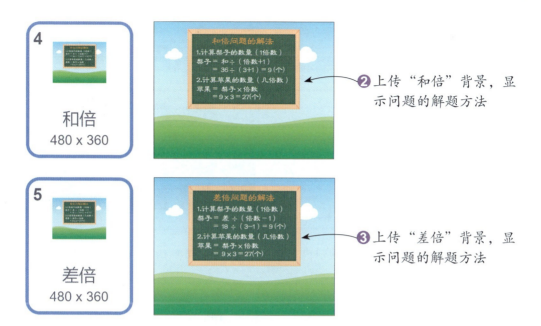

❷ 上传"和倍"背景，显示问题的解题方法

❸ 上传"差倍"背景，显示问题的解题方法

4 删除默认的小猫角色，上传自定义的"和差倍问题"角色。

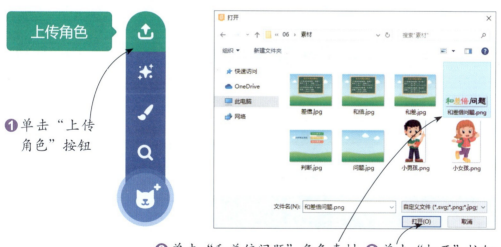

❶ 单击"上传角色"按钮　❷ 单击"和差倍问题"角色素材　❸ 单击"打开"按钮

5 在角色列表区中选中上传的"和差倍问题"角色，重新设置角色的位置和大小。

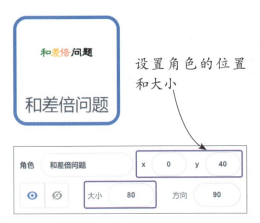
设置角色的位置和大小

6 继续上传自定义的"小女孩"和"小男孩"两个角色，分别选中角色，调整角色的位置和大小。

❶ 设置"小女孩"角色的位置和大小

❷ 设置"小男孩"角色的位置和大小

❸ 在舞台中显示上传并调整后的角色

小提示

用鼠标调整角色的位置

除了在角色列表区中输入坐标值来更改角色的位置，也可以在舞台中用鼠标拖动角色到合适的位置，角色列表区中角色的坐标值也会随之改变。

第 6 章 和差倍问题

7 通过绘制的方式,创建"题目"角色,将角色造型命名为"题目 1",然后绘制白色矩形作为文字背景。

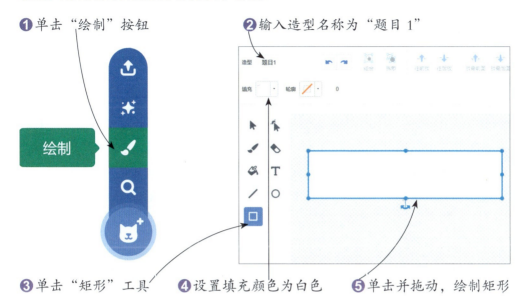

8 使用"文本"工具在白色矩形上方输入详细的题目内容文字,将文字的颜色分别设置为白色和橙色。

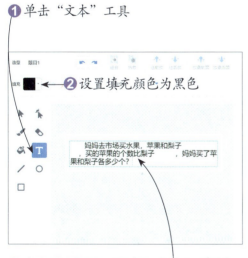

9 复制两次"题目 1"造型,得到"题目 2"和"题目 3"造型,分别更改对应的题目内容文字,然后设置"题目"角色的位置。

  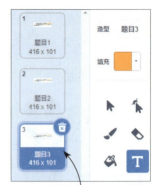

❶ 右击"题目1"造型，在弹出的快捷菜单中单击"复制"命令

❷ 复制得到"题目2"造型，右击该造型，在弹出的快捷菜单中单击"复制"命令

❸ 复制得到"题目3"造型

❹ 选中"题目2"造型，更改题目内容

❺ 选中"题目3"造型，更改题目内容

❻ 设置角色的位置

10 　选中"和差倍问题"角色，为其编写脚本。当单击 ▶ 按钮时，切换为"问题"背景，并显示"和差倍问题"角色。

第 6 章 | 和差倍问题

❶ 添加"事件"模块下的"当▶被点击"积木块　❷ 添加"外观"模块下的"换成（问题）背景"积木块　❸ 添加"外观"模块下的"显示"积木块

11 等待 5 秒后，隐藏"和差倍问题"角色。

❶ 添加"控制"模块下的"等待（）秒"积木块　❷ 将"等待（）秒"积木块框中的数值更改为 5　❸ 添加"外观"模块下的"隐藏"积木块

12 选中"小女孩"角色，为其编写脚本。当单击▶按钮时，等待 5 秒，直到舞台中的"和差倍问题"角色被隐藏。

❶ 添加"事件"模块下的"当▶被点击"积木块　❷ 添加"控制"模块下的"等待（）秒"积木块　❸ 将"等待（）秒"积木块框中的数值更改为 5

13 让"小女孩"角色依次说出"东东，我出个问题考考你吧"和"看清楚了，题目是"。

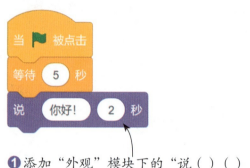

❶ 添加"外观"模块下的"说（）（）秒"积木块

❷ 将"说（）（）秒"积木块第 1 个框中的文字更改为"东东，我出个问题考考你吧"

❸ 再次添加"外观"模块下的"说（）（）秒"积木块

❹ 将"说（）（）秒"积木块第 1 个框中的文字更改为"看清楚了，题目是"

14 当"小女孩"角色说完后，广播"题目"消息。

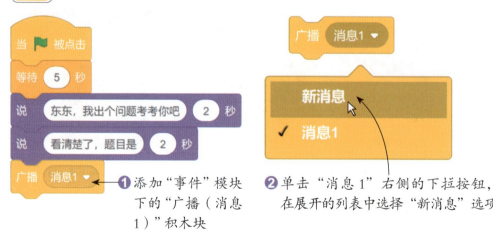

❶ 添加"事件"模块下的"广播（消息1）"积木块

❷ 单击"消息1"右侧的下拉按钮，在展开的列表中选择"新消息"选项

第 6 章 | 和差倍问题

❸ 输入新消息的名称为"题目"

❹ 单击"确定"按钮

15 添加"当接收到（）"积木块，创建一个名为"说话"的新消息。

❶ 添加"事件"模块下的"当接收到（消息1）"积木块

❷ 单击"消息1"右侧的下拉按钮，在展开的列表中选择"新消息"选项

❸ 输入新消息的名称为"说话"

❹ 单击"确定"按钮

16 当"小女孩"角色接收到"说话"的消息时，说出"错啦，再想想吧"，提示小朋友题目类型判断错误。

❶ 添加"外观"模块下的"说（）（）秒"积木块

175

❷将"说（）（）秒"积木块第1个框中的文字更改为"错啦，再想想吧"

17 广播"重新判断"消息，让小朋友重新选择题目类型。

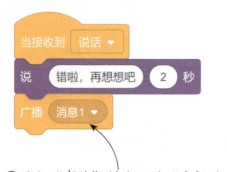

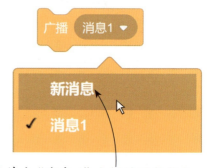

❶添加"事件"模块下的"广播（消息1）"积木块

❷单击"消息1"右侧的下拉按钮，在展开的列表中选择"新消息"选项

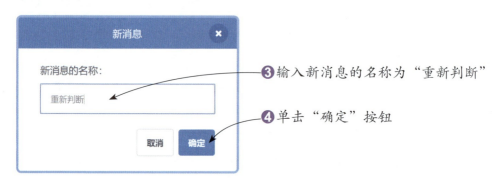

❸输入新消息的名称为"重新判断"

❹单击"确定"按钮

18 根据题目设定及和差倍问题的解题方法，创建"题目类型""梨子""苹果""差""和""倍数"6个变量，然后取消变量前复选框的勾选状态，隐藏变量。

❶单击"变量"模块下的"建立一个变量"按钮

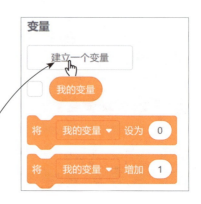

第6章 | 和差倍问题

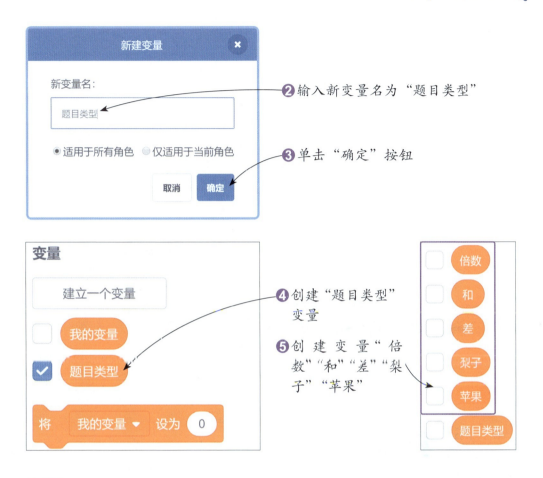

❷ 输入新变量名为"题目类型"

❸ 单击"确定"按钮

❹ 创建"题目类型"变量

❺ 创建变量"倍数""和""差""梨子""苹果"

19 选中"题目"角色，为其编写脚本。当单击 ▶ 按钮时，将"题目"角色隐藏起来。

❶ 添加"事件"模块下的"当 ▶ 被点击"积木块

❷ 添加"外观"模块下的"隐藏"按钮

20 当接收到"小女孩"角色广播的"题目"消息时，随机显示一种造型，即随机显示一道题目。

177

❶ 添加"事件"模块下的"当接收到(说话)"积木块

❷ 单击"说话"右侧的下拉按钮,在展开的列表中选择"题目"选项

❸ 添加"外观"模块下的"换成( )造型"积木块

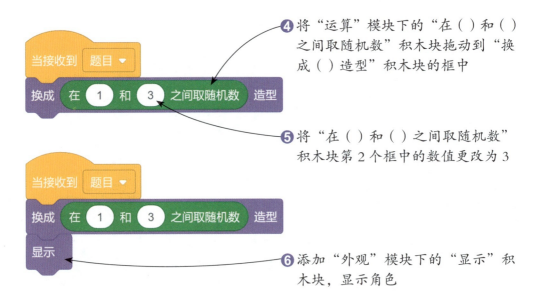

❹ 将"运算"模块下的"在( )和( )之间取随机数"积木块拖动到"换成( )造型"积木块的框中

❺ 将"在( )和( )之间取随机数"积木块第2个框中的数值更改为3

❻ 添加"外观"模块下的"显示"积木块,显示角色

21 等待10秒,让小朋友看清题目内容,然后隐藏角色,并切换为"判断"背景。

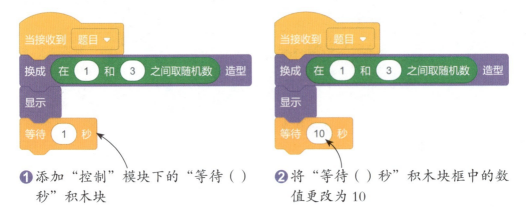

❶ 添加"控制"模块下的"等待( )秒"积木块

❷ 将"等待( )秒"积木块框中的数值更改为10

第 6 章 | 和差倍问题

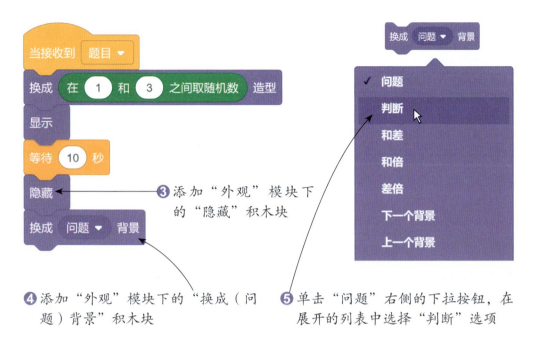

22 通过询问让小朋友根据显示的题目选择题目类型。

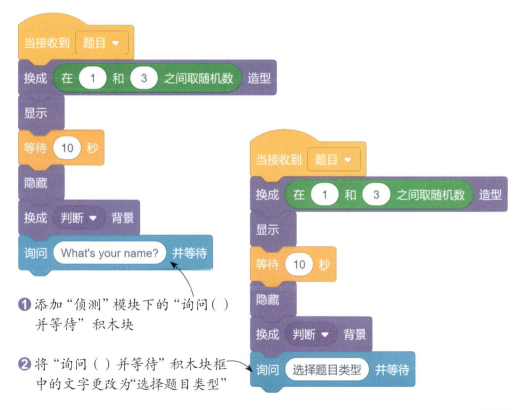

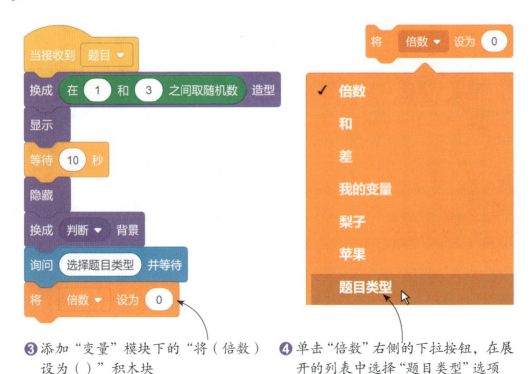

❸ 添加"变量"模块下的"将（倍数）设为（）"积木块

❹ 单击"倍数"右侧的下拉按钮，在展开的列表中选择"题目类型"选项

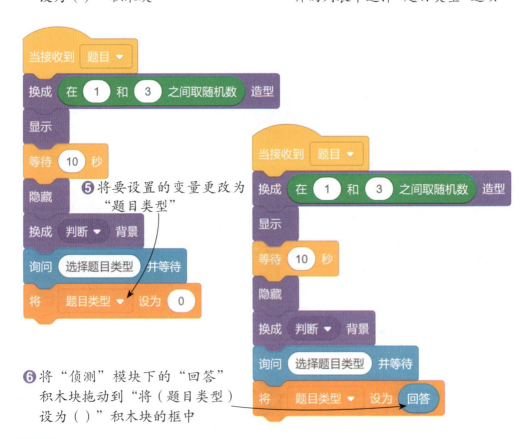

❺ 将要设置的变量更改为"题目类型"

❻ 将"侦测"模块下的"回答"积木块拖动到"将（题目类型）设为（）"积木块的框中

第 6 章 | 和差倍问题

23 接下来要根据显示的题目判断小朋友的回答是否正确。添加"如果……那么……"积木块,判断显示的造型是否为"题目1"(和差问题)。

❶ 添加"控制"模块下的"如果……那么……"积木块

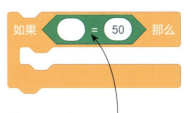

❷ 将"运算"模块下的"( )=( )"积木块拖动到"如果……那么……"积木块的条件框中

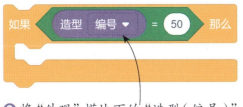

❸ 将"外观"模块下的"造型(编号)"积木块拖动到"( )=( )"积木块的第 1 个框中

❹ 将"( )=( )"积木块第 2 个框中的数值更改为 1

24 如果显示的是"题目1"造型,则继续判断小朋友输入的数字是否为1。在"如果……那么……"积木块中嵌入"如果……那么……否则……"积木块,并设置判断条件。

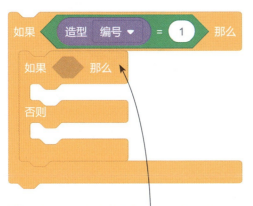

❶ 添加"控制"模块下的"如果……那么……否则……"积木块

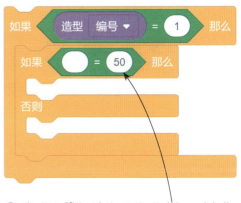

❷ 将"运算"模块下的"( )=( )"积木块拖动到"如果……那么……否则……"积木块的条件框中

181

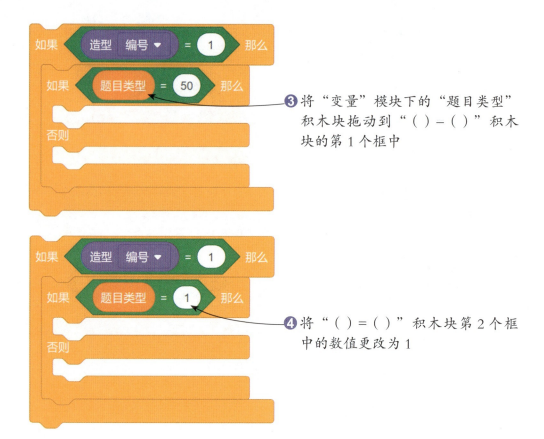

❸ 将"变量"模块下的"题目类型"积木块拖动到"（）–（）"积木块的第1个框中

❹ 将"（）=（）"积木块第2个框中的数值更改为1

25 如果显示的是"题目1"造型，并且小朋友输入的数字为1，说明选择正确，此时广播"和差解题"消息，让"小男孩"角色根据选择的题目类型解题，否则就广播"说话"消息，让"小女孩"角色说话，提示选择错误，重新进行判断。

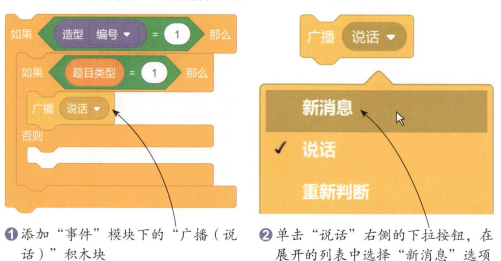

❶ 添加"事件"模块下的"广播（说话）"积木块

❷ 单击"说话"右侧的下拉按钮，在展开的列表中选择"新消息"选项

第 6 章 | 和差倍问题

❸ 输入新消息的名称为"和差解题"

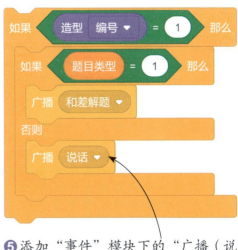

❹ 单击"确定"按钮

❺ 添加"事件"模块下的"广播（说话）"积木块

26 为题目 2（和倍问题）的判断编写脚本。如果显示的是"题目 2"造型，并且小朋友输入的数字为 2，说明选择正确，广播"和倍解题"消息，否则广播"说话"消息。

❶ 右击"如果……那么……"积木块，在弹出的快捷菜单中执行"复制"命令，复制积木组

❷ 将第 1 个"（）=（）"积木块第 2 个框中的数值更改为 2

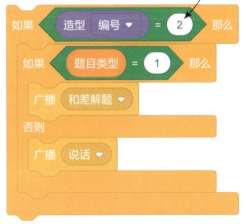

❸ 将第 2 个 "（）=（）" 积木块第 2 个框中的数值更改为 2

❹ 将广播的第 1 个消息更改为 "和倍解题"

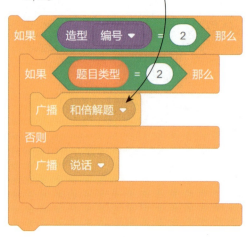

27 为题目 3（差倍问题）的判断编写脚本。如果显示的是 "题目 3" 造型，并且小朋友输入的数字为 3，说明选择正确，广播 "差倍解题" 消息，否则广播 "说话" 消息。将步骤 23～27 制作的积木组依次拼接在步骤 22 制作的积木组下方。

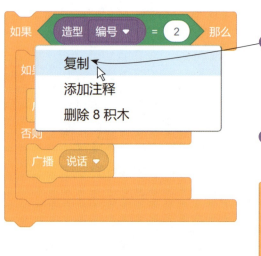

❶ 右击 "如果……那么……" 积木块，在弹出的快捷菜单中单击 "复制" 命令，复制积木组

❷ 将第 1 个 "（）=（）" 积木块第 2 个框中的数值更改为 3

❸ 将第 2 个 "（）=（）" 积木块第 2 个框中的数值更改为 3

❹ 将广播的第 1 个消息更改为 "差倍解题"

第 6 章 | 和差倍问题

28 当接收到"重新判断"的消息时,再次询问小朋友让其选择题目类型,直到选择正确为止。

❶ 添加"事件"模块下的"当接收到(和差解题)"积木块

❷ 单击"和差解题"右侧的下拉按钮,在展开的列表中选择"重新判断"选项

❸ 复制积木组,再次对显示的题目类型进行选择和判断

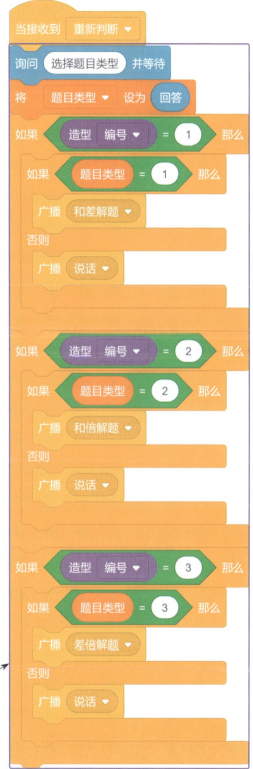

185

29 选中"小男孩"角色,为其编写脚本。当接收到"和差解题"消息时,开始按题目类型解题。

❶ 添加"事件"模块下的"当接收到(和倍解题)"积木块。

❷ 单击"和倍解题"右侧的下拉按钮,在展开的列表中选择"和差解题"选项。

30 根据题目设定,将梨子与苹果的"和"设置为36。

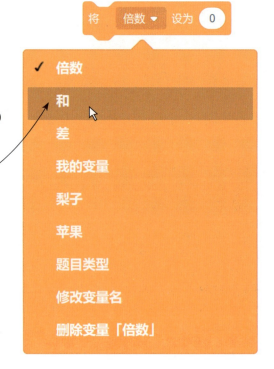

❶ 添加"变量"模块下的"将(倍数)设为( )"积木块。

❷ 单击"倍数"右侧的下拉按钮,在展开的列表中选择"和"选项。

❸ 把"将(和)设为( )"积木块框中的数值更改为36。

第 6 章 | 和差倍问题

小提示

变量值的修改

变量的值并不是固定不变的,在编写程序时,可以使用"将()设为()"积木块为变量设定一个值,也可以使用"将()增加()"积木块让变量的值增大或减小。

31 将梨子和苹果的"差"设置为 18。

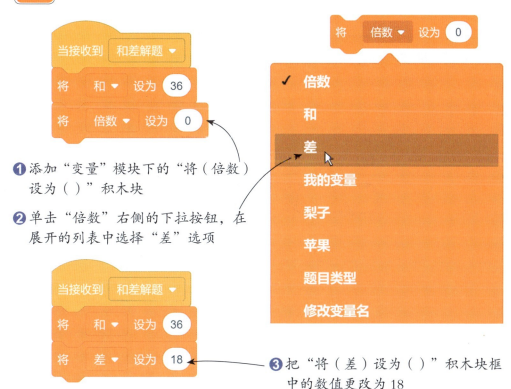

❶ 添加"变量"模块下的"将(倍数)设为()"积木块

❷ 单击"倍数"右侧的下拉按钮,在展开的列表中选择"差"选项

❸ 把"将(差)设为()"积木块框中的数值更改为 18

32 创建公式,用梨子和苹果的"和"减去它们的"差",再除以 2,计算出梨子的个数。

❶ 添加"变量"模块下的"将(倍数)设为()"积木块

Scratch 3.0 少儿编程与逻辑思维训练

❷ 单击"倍数"右侧的下拉按钮,在展开的列表中选择"梨子"选项

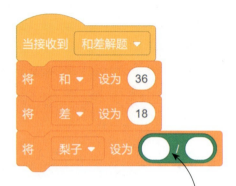

❸ 将"运算"模块下的"( )/( )"积木块拖动到"将(梨子)设为( )"积木块的框中

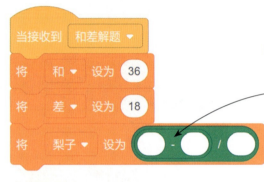

❹ 将"运算"模块下的"( )-( )"积木块拖动到"( )/( )"积木块的第1个框中

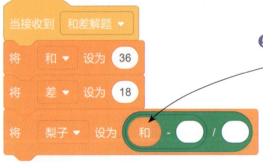

❺ 将"变量"模块下的"和"积木块拖动到"( )-( )"积木块的第1个框中

❻ 将"变量"模块下的"差"积木块拖动到"( )-( )"积木块的第2个框中

第6章 | 和差倍问题

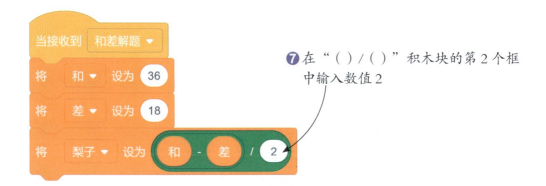

❼ 在"( )/( )"积木块的第2个框中输入数值2

33 让"小男孩"角色说出计算出的梨子个数。

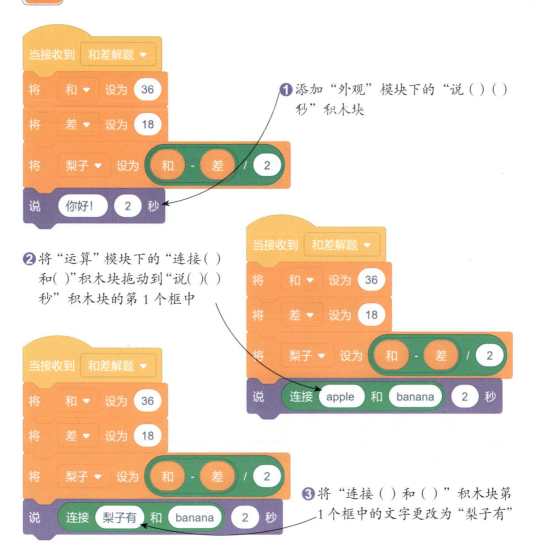

❶ 添加"外观"模块下的"说( )( )秒"积木块

❷ 将"运算"模块下的"连接( )和( )"积木块拖动到"说( )( )秒"积木块的第1个框中

❸ 将"连接( )和( )"积木块第1个框中的文字更改为"梨子有"

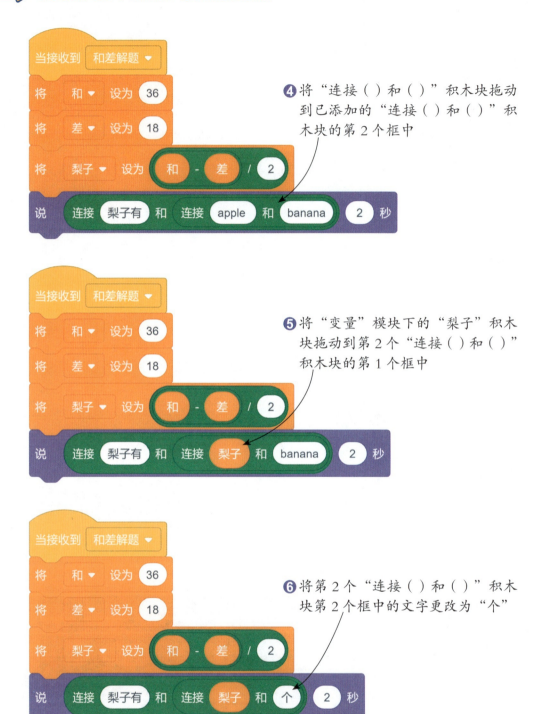

❹ 将"连接（）和（）"积木块拖动到已添加的"连接（）和（）"积木块的第2个框中

❺ 将"变量"模块下的"梨子"积木块拖动到第2个"连接（）和（）"积木块的第1个框中

❻ 将第2个"连接（）和（）"积木块第2个框中的文字更改为"个"

34 创建公式，用梨子和苹果的"和"加上它们的"差"，再除以2，计算出苹果的个数。

第 6 章 | 和差倍问题

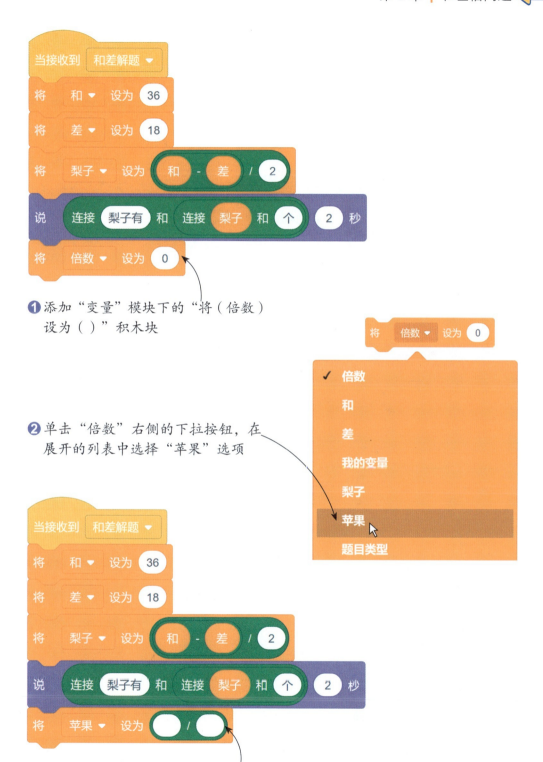

❶ 添加"变量"模块下的"将(倍数)设为( )"积木块

❷ 单击"倍数"右侧的下拉按钮,在展开的列表中选择"苹果"选项

❸ 将"运算"模块下的"( )/( )"积木块拖动到"将(苹果)设为( )"积木块的框中

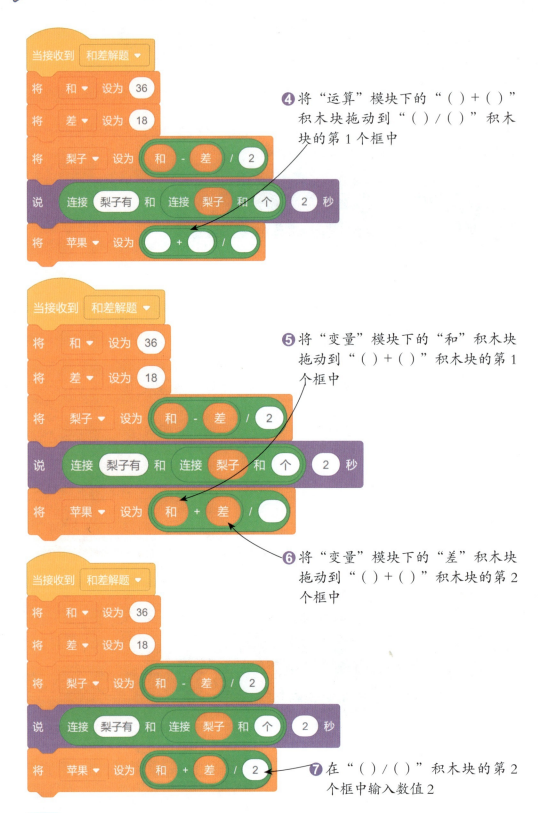

第 6 章 | 和差倍问题

35 让"小男孩"角色说出计算出的苹果个数。

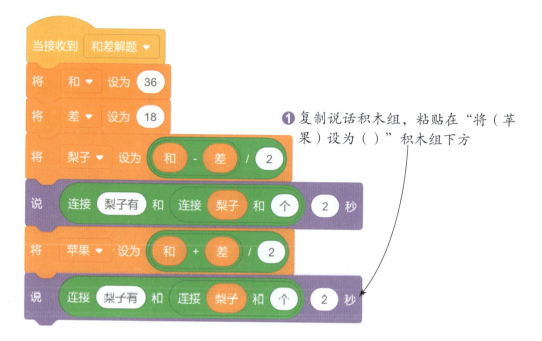

❶ 复制说话积木组,粘贴在"将(苹果)设为()"积木组下方

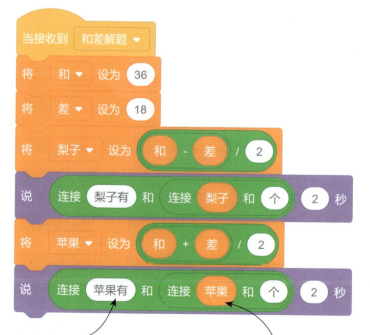

❷ 将第 1 个"连接()和()"积木块第 1 个框中的文本更改为"苹果有"

❸ 将第 2 个"连接()和()"积木块第 1 个框中的变量替换为"苹果"

36 当"小男孩"角色分别说出梨子和苹果的个数后,切换到"和差"背景,显示完整的解题方法。

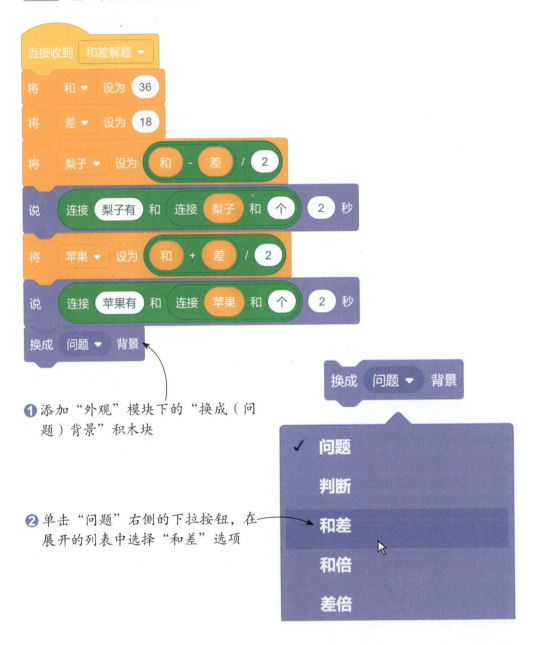

❶ 添加"外观"模块下的"换成(问题)背景"积木块

❷ 单击"问题"右侧的下拉按钮,在展开的列表中选择"和差"选项

37 编写当接收到"和倍解题"消息时,解答题目的脚本。编写思路与和差问题类似,分别应用不同的公式计算出梨子和苹果的个数,并让角色说出计算结果。

第6章 | 和差倍问题

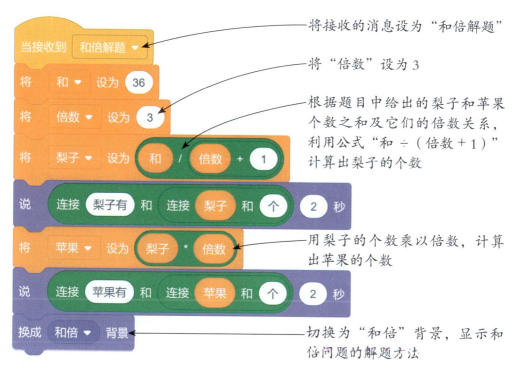

38 编写当接收到"差倍解题"消息时，解答题目的脚本。编写思路与和差问题类似，分别应用不同的公式计算出梨子和苹果的个数，并让角色说出计算结果。

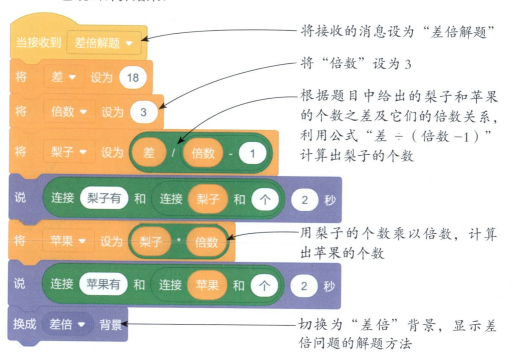

第 7 章 | 追及问题

两个物体在同时不同地或同地不同时出发作同向运动,在后面的物体运动速度要快些,在前面的物体运动速度要慢些,在一定时间之内,后面的物体会追上前面的物体。这类应用题被称为"追及问题"。

追及问题包含以下几种比较典型的题目。

题目一:甲、乙两人相距 150 米,甲在前,乙在后,甲每分钟走 60 米,乙每分钟走 75 米,两人同时向南出发,几分钟后乙能追上甲?

题目二:小王和小李分别骑自行车和摩托车从东城到西城,小王骑自行车每小时行 18 千米,小李骑摩托车每小时行 54 千米,小王先出发 1.5 小时后,小李沿着同一条线路去追小王,多长时间能追上小王?

题目三:小明以每分钟 50 米的速度从学校步行回家,12 分钟后小强从学校出发骑自行车去追小明,结果在距学校 1000 米处追上小明。小强骑自行车的速度是多少?

题目四:姐妹俩在同一所小学上学,妹妹以每分钟 50 米的速度从家走向学校,姐姐比妹妹晚 10 分钟出发,为了不迟到,她以每分钟 150 米的速度从家跑步上学,结果两人同时到达学校,求家到学校的距离有多远?

题目设定

一天早上,亮亮骑自行车上学,每分钟骑行 140 米,亮亮出门 10 分钟后,爸爸发现亮亮没带数学书,于是马上骑车去追,每分钟骑行 210 米。爸爸需要多少分钟能追上亮亮?

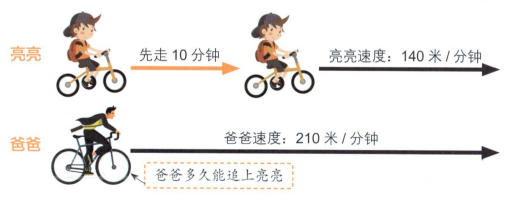

思路解析

追及问题是研究追及路程、速度及时间等数量关系的应用题。解答追及问题的基本公式为：速度差 × 追及时间 = 追及路程（路程差）。

在解答追及问题时，首先需要弄清题目要求的是什么，再根据已知条件，应用基本公式或公式的变形进行计算。

🔊 计算追及路程

先根据基本公式创建"速度差""追及时间""追及路程"3 个变量。从题目设定可知，需要计算的是"追及时间"。将基本公式变形后可知，追及时间 = 追及路程 ÷ 速度差。因此，首先需要算出"追及路程"。

"追及路程"就是一开始两个物体之间的距离，又叫路程差。本题中，爸爸与亮亮之间的"追及路程"的计算公式为：追及路程 = 慢的速度 × 先出发时间 = 亮亮速度 × 先出发时间。

在计算之前，先创建"亮亮速度""先出发时间""爸爸速度"3 个变量，并通过询问让小朋友将题目中已知的数值赋给变量。

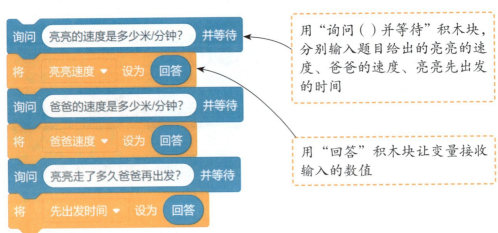

根据前面的分析，追及路程＝亮亮速度×先出发时间，而"亮亮速度"和"先出发时间"都是已知条件，很容易就能算出"追及路程"。

用"（ ）★（ ）"积木块列出乘法算式

用已知的"亮亮速度"作为被乘数

用已知的"先出发时间"作为乘数，算出"追及路程"

📢 计算速度差

算出"追及路程"后，还需要算出"速度差"。本题中，"速度差"的计算公式为：速度差＝快的速度－慢的速度＝爸爸速度－亮亮速度。

用"（ ）－（ ）"积木块列出减法算式

用已知的"爸爸速度"作为被减数

用已知的"亮亮速度"作为减数，算出"速度差"

📢 计算追及时间

算出"追及路程"和"速度差"后，用前面说到的公式"追及时间＝追及路程÷速度差"就能算出"追及时间"，即爸爸需要多少分钟才能追上亮亮。

用"（ ）／（ ）"积木块列出除法算式

用算出的"追及路程"作为被除数

用算出的"速度差"作为除数，算出"追及时间"

Scratch 3.0 少儿编程与逻辑思维训练

编程步骤详解

通过前面的分析，我们掌握了解题思路和主要使用的积木块，接下来详细讲解编程的过程。

1 创建新项目，上传自定义的"问题"背景。

2 展开"背景"选项卡，删除默认的"背景1"，上传自定义的"题目"背景。

第 7 章 | 追及问题

3 在上传的"题目"背景中输入题目内容文字。

❶ 单击"转换为矢量图"按钮

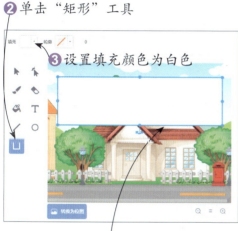

❷ 单击"矩形"工具
❸ 设置填充颜色为白色
❹ 单击并拖动，绘制矩形

❺ 单击"文本"工具
❻ 设置填充颜色为黑色
❼ 在矩形上单击并输入题目内容文字

4 在"背景"选项卡下上传自定义的"解题方法"背景。

❶ 单击"上传背景"按钮

❷ 双击"解题方法"背景素材

5 删除默认的小猫角色，上传自定义的"追及问题"角色。

201

❶ 单击"上传角色"按钮

❷ 双击"追及问题"角色素材

❸ 显示上传的角色

6 选中"追及问题"角色,设置角色的位置和大小。用相同方法上传自定义的"亮亮"和"爸爸"角色,分别设置角色的位置和大小。

❶ 设置"追及问题"角色的位置和大小

❷ 设置"亮亮"角色的位置和大小

第 7 章 | 追及问题

❸设置"爸爸"角色的位置和大小

7 添加角色库中的"Dani"角色,并设置角色的位置和大小。

❶单击"选择一个角色"按钮
❷单击"人物"标签
❸单击"Dani"角色
❹设置角色的位置和大小

8 切换到"造型"选项卡,删除"Dani-a"和"Dani-b"造型,并对"Dani-c"造型进行水平翻转处理。

❶单击"删除"按钮,删除"Dani-a"造型
❷单击"删除"按钮,删除"Dani-b"造型
❸单击"选择"工具
❹单击"水平翻转"按钮
❺水平翻转后的"Dani-c"造型

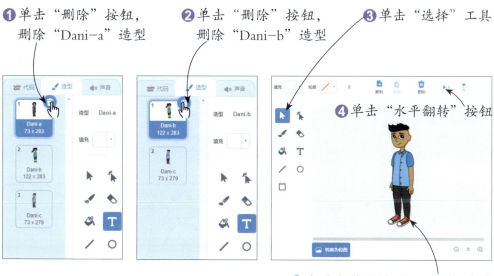

9 选中"追及问题"角色，为其编写脚本。当单击 🏁 按钮时，切换为"问题"背景，并显示"追及问题"角色。

❶ 添加"事件"模块下的"当🏁被点击"积木块

❷ 添加"外观"模块下的"换成(问题)背景"积木块

❸ 添加"外观"模块下的"显示"积木块

10 等待5秒，便于小朋友看清题目内容，然后隐藏"追及问题"角色。

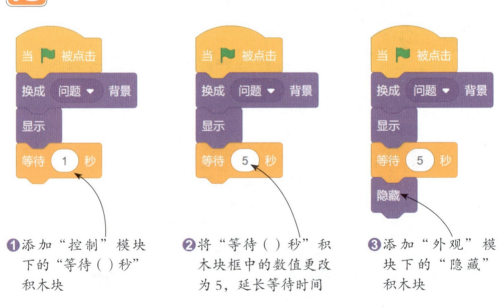

❶ 添加"控制"模块下的"等待( )秒"积木块

❷ 将"等待( )秒"积木块框中的数值更改为5，延长等待时间

❸ 添加"外观"模块下的"隐藏"积木块

11 当"追及问题"角色被隐藏起来后，广播"题目"消息。

第 7 章 追及问题

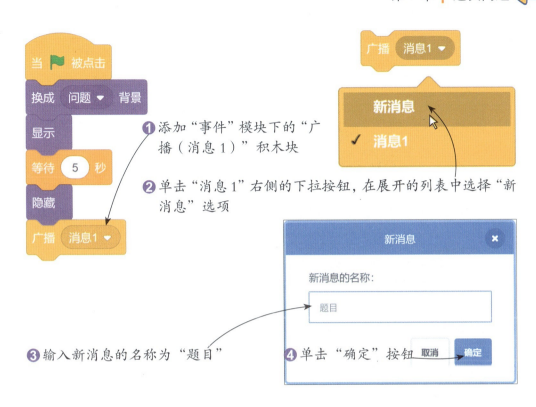

12 选中"亮亮"角色，为其编写脚本。当单击 ▶ 按钮时，隐藏"亮亮"角色。

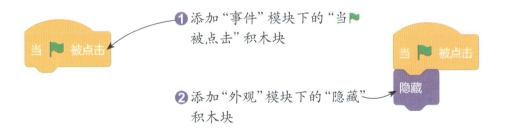

13 当接收到"题目"的消息时，切换到"题目"背景，显示"亮亮"角色，然后将"亮亮"角色移到舞台左下角。

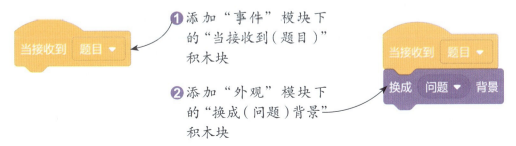

Scratch 3.0 少儿编程与逻辑思维训练

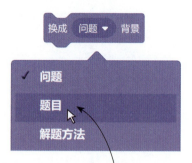

❸ 单击"问题"右侧的下拉按钮，在展开的列表中选择"题目"选项

❹ 添加"外观"模块下的"显示"积木块

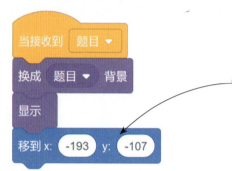

❺ 添加"运动"模块下的"移到 x:() y:()"积木块，并分别更改框中的数值为 -193 和 -107

14 让"亮亮"角色每隔 0.1 秒向右移动一段距离。

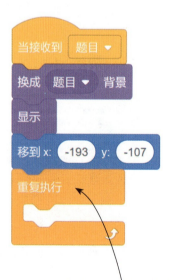

❶ 添加"控制"模块下的"重复执行"积木块

❷ 添加"运动"模块下的"移动（10）步"积木块

206

第7章 追及问题

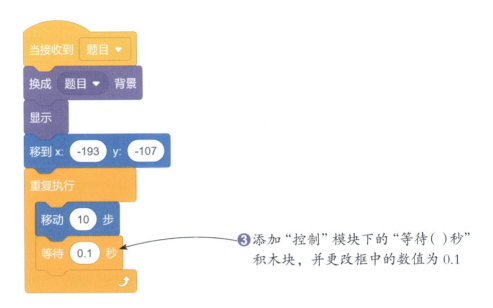

❸ 添加"控制"模块下的"等待( )秒"积木块,并更改框中的数值为0.1

15 通过侦测,判断"亮亮"角色是否碰到来追赶自己的"爸爸"角色。

❶ 添加"控制"模块下的"如果……那么……"积木块

❷ 将"侦测"模块下的"碰到(鼠标指针)?"积木块拖动到"如果……那么……"积木块的条件框中

207

Scratch 3.0 少儿编程与逻辑思维训练

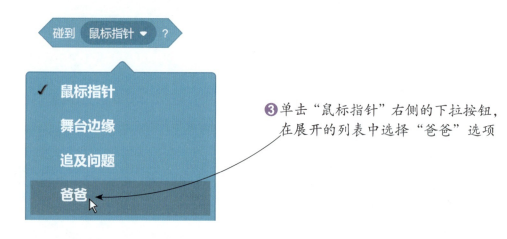

❸ 单击"鼠标指针"右侧的下拉按钮,在展开的列表中选择"爸爸"选项

16 如果"亮亮"角色碰到"爸爸"角色,等待1秒,然后让"亮亮"角色说出"谢谢爸爸",说完后隐藏"亮亮"角色。

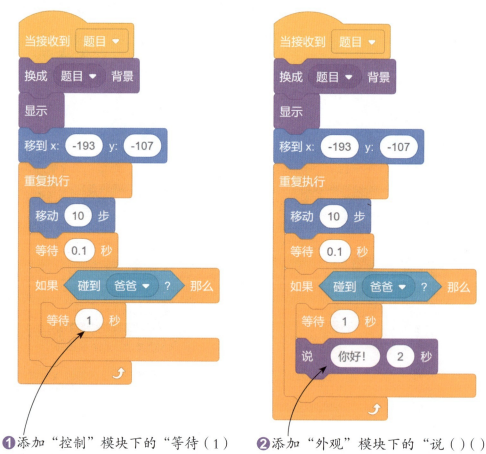

❶ 添加"控制"模块下的"等待(1)秒"积木块

❷ 添加"外观"模块下的"说()()秒"积木块

第 7 章 追及问题

❸将"说( )( )秒"积木块第 1 个框中的文字更改为"谢谢爸爸"

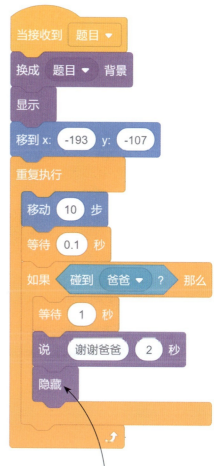

❹添加"外观"模块下的"隐藏"积木块

17 选中"爸爸"角色,为其编写脚本。当单击 🏁 按钮时,同样隐藏"爸爸"角色。

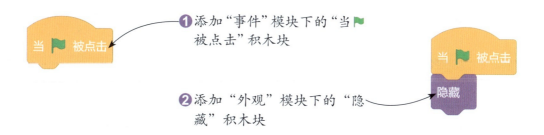

❶添加"事件"模块下的"当 🏁 被点击"积木块

❷添加"外观"模块下的"隐藏"积木块

18 因为题目中爸爸是在亮亮出发一段时间后才出发的，所以，当"爸爸"角色接收到"题目"的消息时，先等待3秒，再显示在舞台左下角。

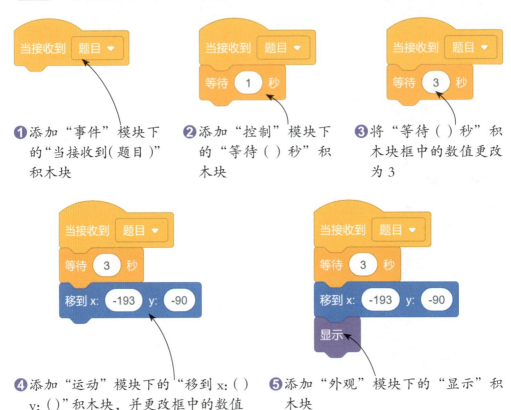

❶ 添加"事件"模块下的"当接收到（题目）"积木块

❷ 添加"控制"模块下的"等待（）秒"积木块

❸ 将"等待（）秒"积木块框中的数值更改为3

❹ 添加"运动"模块下的"移到 x:（）y:（）"积木块，并更改框中的数值

❺ 添加"外观"模块下的"显示"积木块

19 让"爸爸"角色每隔一定时间向右移动一段距离。因为爸爸的骑车速度更快，所以在移动"爸爸"角色时，将等待时间缩短为 0.05 秒。

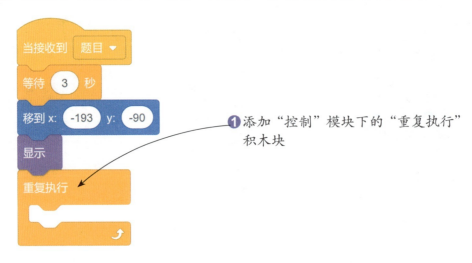

❶ 添加"控制"模块下的"重复执行"积木块

第 7 章 | 追及问题

❷ 添加"运动"模块下的"移动( )步"积木块

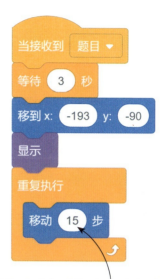

❸ 将"移动( )步"积木块框中的数值更改为 15

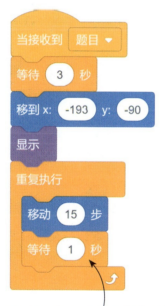

❹ 添加"控制"模块下的"等待( )秒"积木块

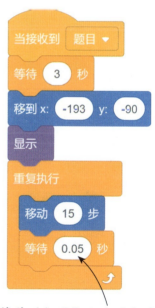

❺ 将"等待( )秒"积木块框中的数值更改为 0.05

 通过侦测,判断"爸爸"角色是否碰到"亮亮"角色。

Scratch 3.0 少儿编程与逻辑思维训练

❶ 添加"控制"模块下的"如果……那么……"积木块

❷ 将"侦测"模块下的"碰到（鼠标指针）？"积木块拖动到"如果……那么……"积木块的条件框中

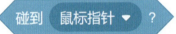

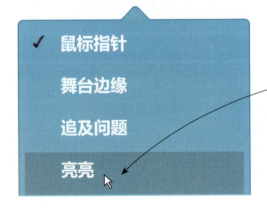

❸ 单击"鼠标指针"右侧的下拉按钮，在展开的列表中选择"亮亮"选项

21 如果"爸爸"角色碰到"亮亮"角色，让"爸爸"角色说出"亮亮，你的书忘了带"，说完后等待1秒，然后隐藏"爸爸"角色。

第 7 章 追及问题

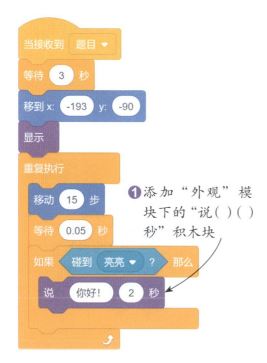

❶ 添加"外观"模块下的"说( )( )秒"积木块

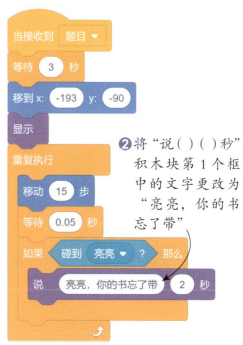

❷ 将"说( )( )秒"积木块第 1 个框中的文字更改为"亮亮,你的书忘了带"

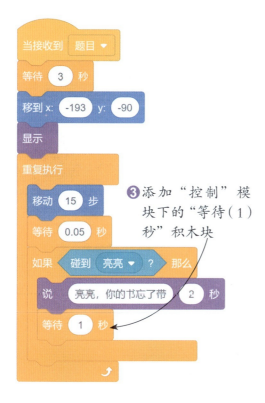

❸ 添加"控制"模块下的"等待(1)秒"积木块

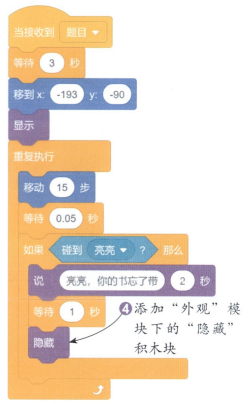

❹ 添加"外观"模块下的"隐藏"积木块

22 隐藏"爸爸"角色后，广播"答题"消息。

❶ 添加"事件"模块下的"广播（题目）"积木块

❷ 单击"题目"右侧的下拉按钮，在展开的列表中选择"新消息"选项

❸ 输入新消息的名称为"答题"

❹ 单击"确定"按钮

23 根据题目设定和追及问题的解题要点，创建"速度差""追及路程""追及时间""爸爸速度""亮亮速度""先出发时间"6个变量。

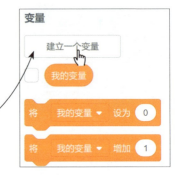

❶ 单击"变量"模块下的"建立一个变量"按钮

第 7 章 追及问题

❸ 单击"确定"按钮
❹ 创建"速度差"变量
❺ 创建更多变量,隐藏创建的变量并删除默认的"我的变量"

24 选中"Dani"角色,为其编写脚本。当单击 ▶ 按钮时,隐藏"Dani"角色。

❶ 添加"事件"模块下的"当 ▶ 被点击"积木块
❷ 添加"外观"模块下的"隐藏"积木块

25 当接收到"答题"的消息时,显示"Dani"角色,并让角色说出"我来算算"。

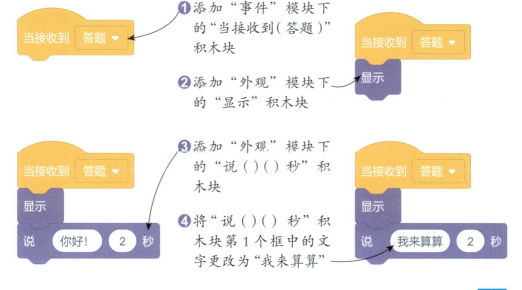

❶ 添加"事件"模块下的"当接收到(答题)"积木块
❷ 添加"外观"模块下的"显示"积木块
❸ 添加"外观"模块下的"说( )( )秒"积木块
❹ 将"说( )( )秒"积木块第 1 个框中的文字更改为"我来算算"

215

26 采用询问的方式，让小朋友根据题目设定输入亮亮的速度。

❶ 添加"侦测"模块下的"询问（）并等待"积木块

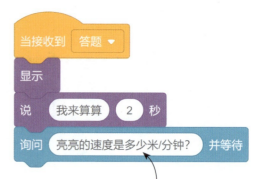

❷ 将"询问（）并等待"积木块框中的文字更改为"亮亮的速度是多少米/分钟？"

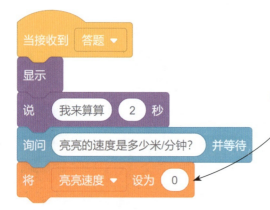

❸ 添加"变量"模块下的"将（亮亮速度）设为（）"积木块

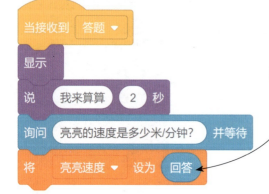

❹ 将"侦测"模块下的"回答"积木块拖动到"将（亮亮速度）设为（）"积木块的框中

第 7 章 | 追及问题

27 继续采用询问的方式，让小朋友分别输入爸爸的速度和亮亮先出发的时间。

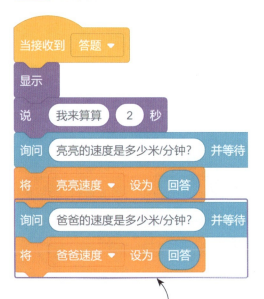

询问"爸爸的速度是多少米/分钟?"，根据题目输入爸爸的速度，并将其赋值给"爸爸速度"变量

询问"亮亮走了多久爸爸才出发?"，根据题目输入亮亮先出发的时间，并将其赋值给"先出发时间"变量

28 用"亮亮速度"乘以"先出发时间"，算出"追及路程"。

❶ 添加"变量"模块下的"将（亮亮速度）设为（）"积木块

217

❷ 单击"亮亮速度"右侧的下拉按钮，在展开的列表中选择"追及路程"选项

❸ 将"运算"模块下的"( )*( )"积木块拖动到"将（追及路程）设为（ ）"积木块的框中

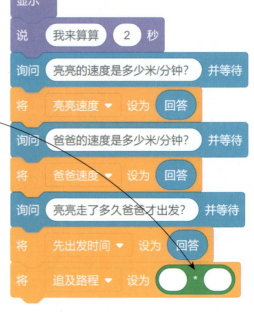

❹ 将"变量"模块下的"亮亮速度"积木块拖动到"( )*( )"积木块的第1个框中

❺ 将"变量"模块下的"先出发时间"积木块拖动到"( )*( )"积木块的第2个框中

第 7 章 | 追及问题

29 用"爸爸速度"减去"亮亮速度",计算出"速度差"。

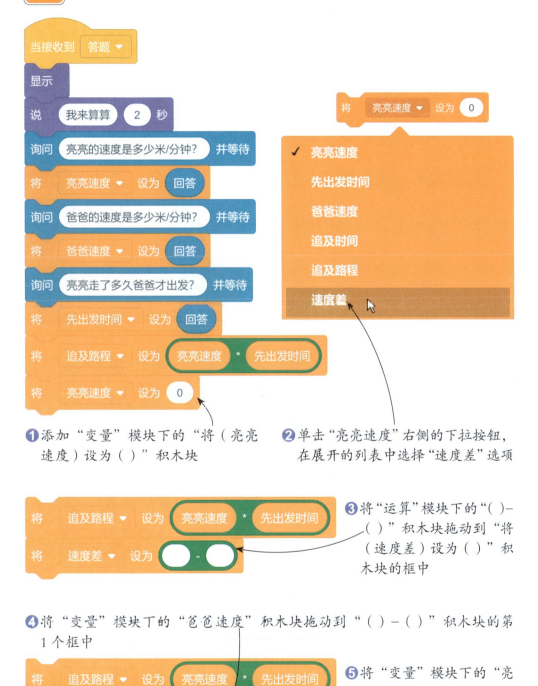

❶ 添加"变量"模块下的"将(亮亮速度)设为( )"积木块

❷ 单击"亮亮速度"右侧的下拉按钮,在展开的列表中选择"速度差"选项

❸ 将"运算"模块下的"( )-( )"积木块拖动到"将(速度差)设为( )"积木块的框中

❹ 将"变量"模块下的"爸爸速度"积木块拖动到"( )-( )"积木块的第 1 个框中

❺ 将"变量"模块下的"亮亮速度"积木块拖动到"( )-( )"积木块的第 2 个框中

219

30 用计算得到的"追及路程"除以"速度差",求出"追及时间"。

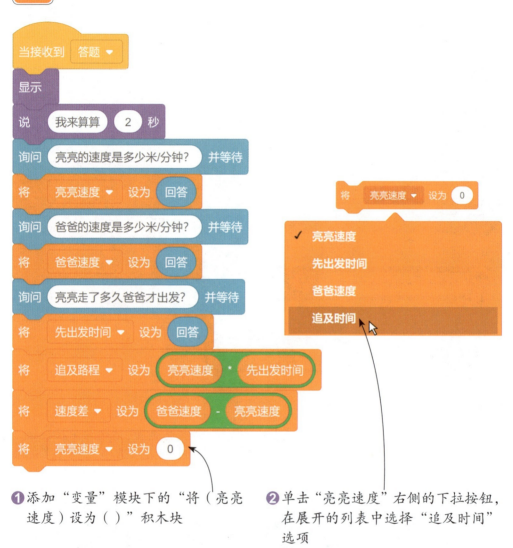

❶ 添加"变量"模块下的"将(亮亮速度)设为( )"积木块

❷ 单击"亮亮速度"右侧的下拉按钮,在展开的列表中选择"追及时间"选项

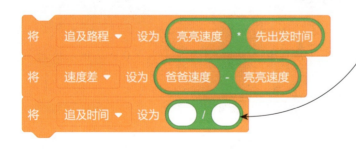

❸ 将"运算"模块下的"( )/( )"积木块拖动到"将(追及时间)设为( )"积木块的框中

第 7 章 追及问题

❹将"变量"模块下的"追及路程"积木块拖动到"（ ）/（ ）"积木块的第 1 个框中

❺将"变量"模块下的"速度差"积木块拖动到"（ ）/（ ）"积木块的第 2 个框中

31 让"Dani"角色说出计算结果。

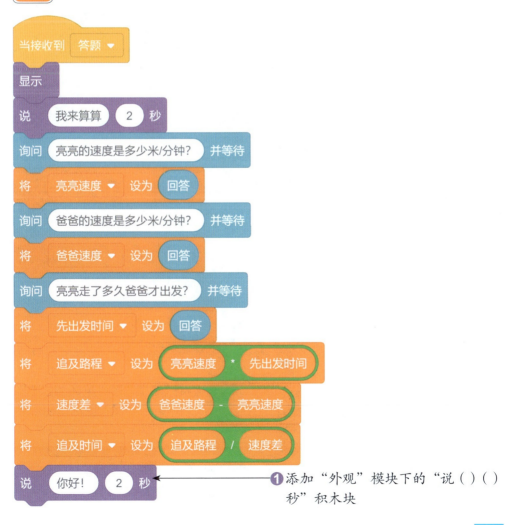

❶添加"外观"模块下的"说（ ）（ ）秒"积木块

221

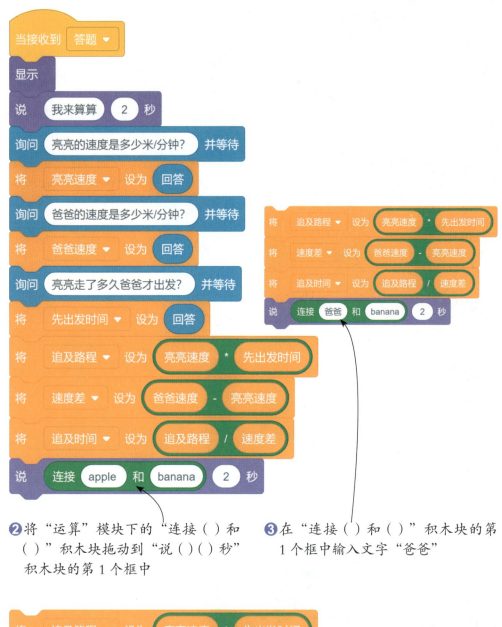

❷将"运算"模块下的"连接()和()"积木块拖动到"说()()秒"积木块的第1个框中

❸在"连接()和()"积木块的第1个框中输入文字"爸爸"

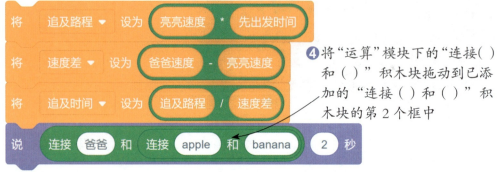

❹将"运算"模块下的"连接()和()"积木块拖动到已添加的"连接()和()"积木块的第2个框中

第 7 章 | 追及问题

❺ 将"变量"模块下的"追及时间"积木块拖动到第 2 个"连接( )和( )"积木块的第 1 个框中

❻ 在第 2 个"连接( )和( )"积木块的第 2 个框中输入文字"分钟就能追上亮亮"

32 当"Dani"角色说出计算结果后,切换为"解题方法"背景,并停止全部脚本的运行。

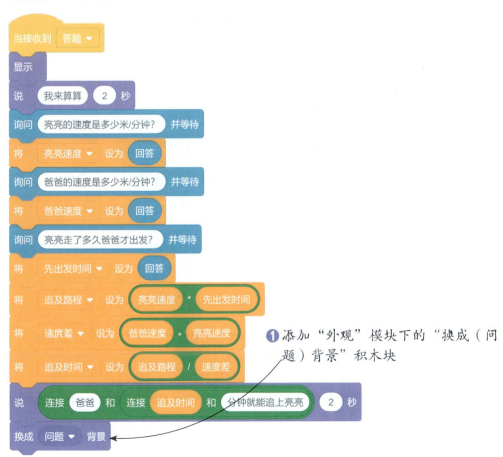

❶ 添加"外观"模块下的"换成(问题)背景"积木块

223

Scratch 3.0 少儿编程与逻辑思维训练

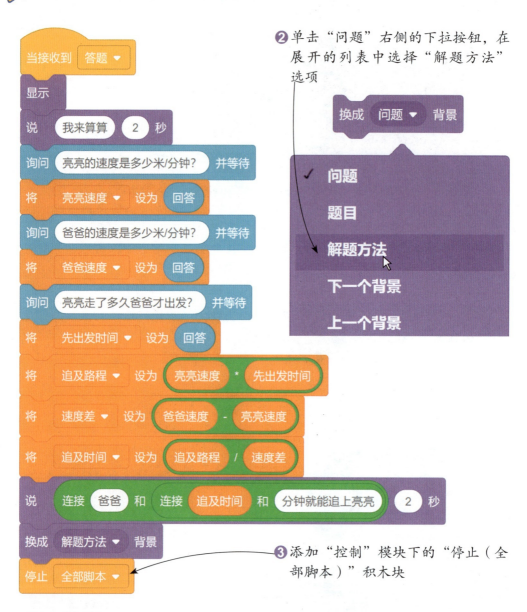

❷ 单击"问题"右侧的下拉按钮，在展开的列表中选择"解题方法"选项

❸ 添加"控制"模块下的"停止（全部脚本）"积木块

💬 小提示

变量的不同显示方式

在编程时，经常会用到变量。创建好变量后，会看到变量左边一个复选框。该复选框为勾选状态时，变量会默认以"正常显示"方式显示在舞台上，右击舞台上的变量可以更改显示方式，分别为"正常显示""大字显示""滑杆"。

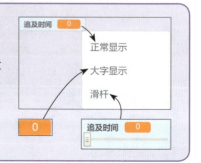

224